インテル8080伝説
はちまる　はちまる

世界で最初のマイクロプロセッサを動かしてみた！

鈴木哲哉—著

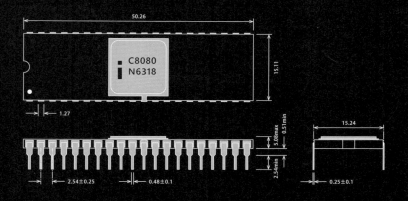

Rutles

サポートページ➡http://www.rutles.net/download/453/index.html

本書に掲載した製作物の回路図、プリント基板原稿、ソフトウェアなどを公開しています。
本書に説明の誤りや重大な誤植が見付かった場合はこちらでお知らせいたします。

Intel、Xeon、MCSはIntel Corporationの登録商標です。Zilog、Z80は Zilog, Inc.の登録商標です。
AMD、OpteronはAdvanced Micro Devices, Inc.の登録商標です。Microsoft、Windows、MS-DOS
はMicrosoft Corporationの 登 録 商 標 で す。Apple、OSXはApple Inc.の 登 録 商 標 で す。IBM、
PowerはIBM Corporationの登録商標です。そのほか、本書が記載する会社名、ロゴ、製品名など
は各社の登録商標または商標です。本文には®、TM、©マークを明記しておりません。

［はじめに］

　1974年4月、インテルが世界で最初のマイクロプロセッサ8080を発売しました。これが、コンピュータの概念をかえ、活躍の場を広げました。以降、マイクロプロセッサは性能を上げながら生活のあらゆるところへ浸透していきます。当時はできなくて現在ならできることを思い浮かべてください。その大半にマイクロプロセッサが関与しているはずです。

　もっとも、マイクロプロセッサと関連の産業が現在の姿へ向けてまっすぐに発展したわけではありません。とりわけ当初の数年は、やみくもな試みの中からわずかな大成功が生まれたのでした。当てた会社の代表例が、マイクロソフトとアップルです。消えてなくなった会社は、MITS、IMSアソシエイツ、デジタルリサーチなど枚挙にいとまがありません。

　コンピュータの歴史でいちばん変化に富み、奥深いのがこのころです。実際、ホビイストの間では当時の面白いエピソードがたくさん語り継がれています。ただし、中にはうまく出来すぎていて真偽の怪しい話が混じっています。本書の役割は、8080の実態とそれが登場した前後の出来事を、資料に照らし、技術的に検証し、なるべく正確に紹介することです。

　思いがけないことに取材の過程で実物の8080（同等品）と巡り合い、開発の工程といくつかのエピソードを再現できました。たとえば、ラジオに入る雑音で音楽を演奏したり小さなBASICを走らせたりしました。このくだりを始め、ところどころで表現が冷静さを欠くかもしれませんが、当時のホビイストの心情と重ね合わせてお読みいただければ幸いです。

著者しるす

［目次］

［第1章］
伝説の誕生 ── 9

1970年代の事情 ➡ 10
- 10 ｜ 伝説の存在となった一片のシリコンチップ
- 12 ｜ ミニコンの構造から発想された電卓用IC
- 16 ｜ 電卓用ICの枠を超えて活用された4004
- 19 ｜ 端末用ICの開発が頓挫して生まれた8008
- 21 ｜ 世界で最初のマイクロプロセッサ8080
- 24 ｜ セカンドソースとリバースエンジニアリング
- 26 ｜ 8080の命令体系を受け継いだ8085とZ80

アメリカの騒動 ➡ 28
- 28 ｜ ホビイスト向けに発売された汎用のコンピュータ
- 33 ｜ マイクロプロセッサの普及に貢献した電子技術系の雑誌
- 35 ｜ ピープルズコンピュータカンパニーの活動
- 38 ｜ ホームブルゥコンピュータクラブの活動
- 42 ｜ ホームブルゥコンピュータクラブから巣立ったメーカー
- 44 ｜ 伝統的なCPUを追い越したマイクロプロセッサの需要

日本の反応 ➡ 46
- 46 ｜ 日本の市場を2年遅れで活性化したTK-80
- 50 ｜ コンピュータの街へと変貌を遂げた秋葉原
- 53 ｜ 初期のマイクロプロセッサに取り組んだオタク
- 56 ｜ 日本電気のμPD8080Aと出会う
- 61 ｜ 日本電気のμPB8224CとμPB8238Cを入手する

[第2章]
伝説のハードウェア ─── 67

CPUボードの製作⊃68

68	現在の便利な技術を利用して8080を動かす
70	主電源の5VをACアダプタからとる
74	主電源の5Vを昇圧して12Vを作る
78	主電源の5Vを反転して-5Vを作る
80	8080と8224と8238を組み合わせる
84	8224まわりの回路が果たす役割
87	8238まわりの回路が果たす役割
90	8080まわりの回路が果たす役割
93	CPUボードのバスの設計
96	CPUボードの製作と配線の検査

ROMライタの製作⊃102

102	ICの不良を解析する作業から生まれたEPROM
104	自作派のホビイストが好んで使った2716
107	マウス操作で書き込めるUSB接続の書き込み装置
112	マイコンで主電源の5Vから25Vを作る
115	ユニバーサル基板に手配線で組み立てる
118	書き込みと読み出しの機能を作る
120	USBでパソコンとつながる機能を作る
124	EPROMをいったん消去してから書き込む
128	ROMとRAMとアドレスデコーダ

周辺ボードの製作⊃134

134	汎用のコンピュータを構成する825xシリーズの周辺IC
138	テレタイプライタとコンソールとパソコンの端末ソフト
142	8251とパソコンの接続
144	CPUボードと8251の接続
147	メモリと8251で構成する周辺ボードの製作

［第3章］
伝説のソフトウェア ──── 153

8080の開発環境⊃154
- 154 ｜ 標準開発支援装置INTELLEC8/MOD80
- 157 ｜ インテルとゲイリー・キルドールの出会い
- 159 ｜ フロッピーディスクのコントロールプログラム
- 161 ｜ 80系マイクロプロセッサの標準OSとなったCP/M
- 164 ｜ CP/Mのもとで動作するアプリケーション
- 167 ｜ デジタルリサーチの頂点とどん底

フールオンザヒル⊃170
- 170 ｜ CP/Mの開発ツールでテストプログラムを作る
- 175 ｜ テストプログラムをEPROMに書き込んで動かす
- 179 ｜ Altairで音楽を演奏した男
- 182 ｜ ラジオからフールオンザヒルが流れる

タイニーBASIC⊃184
- 184 ｜ タイニーBASICの構想と挫折と再起
- 187 ｜ パロアルトタイニーBASICの登場
- 190 ｜ 東大版タイニーBASICの登場
- 192 ｜ タイニーBASICをCP/Mのもとでテストする
- 196 ｜ タイニーBASICを自作のコンピュータで動かす

[第4章]
伝説の継承者 —— 203

8085を動かす ⇒ 204
- 204 | 極めて地味な機能仕様で登場した8085
- 206 | 8085を使ったCPUボードの設計
- 210 | 8080から拡張された機能の取り扱い
- 213 | 8085を使ったCPUボードの製作
- 216 | 8085を使ったCPUボードの互換性

MCS-85を作る ⇒ 218
- 218 | MCS-85が構成するコンピュータの概要
- 220 | 8755と8156の機能仕様
- 222 | MCS-85の接続とアドレスマップ
- 224 | 制御用コンピュータの設計
- 226 | 制御用コンピュータの製作

8755に書き込む ⇒ 230
- 230 | インテルの書き込み装置を調べる
- 232 | マイコンで間に合わせの書き込み装置を作る
- 235 | TL497で書き込み用の25Vを作る
- 238 | 書き込み装置のハードウェアを組み立てる
- 241 | 書き込み装置のファームウェアを作る
- 243 | 制御用のコンピュータでLEDを点滅させる

本文中、人物の名前は敬称を略させていただきました。正式名のほかに短縮名がある場合、短縮名で表記しています。たとえば、ビルの正式名はウィリアム、エドおよびテッドはエドワード、スティーブはスティーブン、ディックはリチャード、ボブはロバートです。

会社の名前は通称で表記しています。たとえば、沖電気の正式名は沖電気工業株式会社です。ナショナルセミコンダクターはNS、テキサス・インスツルメンツはTIと略記しました。すべて本文で紹介した当時の名前であり、その後、改称されている場合があります。

［第1章］
伝説の誕生

1　1970年代の事情

[第1章]
伝説の誕生

⊕ 伝説の存在となった一片のシリコンチップ

　スパコンの速度を評価する国際会議ISCは、毎年2回、LINPACKベンチマークでスコアが高い順に500台のリストを発表しています。2016年11月のリストでは、インテルのXeon E5を採用した機種が431台を占め、そのほかのXeonが32台、AMDのOpteronが7台ありました。すなわち、大半の機種がお馴染みのマイクロプロセッサを採用しているのです。

　現在はもうパソコンばかりかスパコンのメーカーでさえ、CPUは買ってくるものと決めています。現在もなお独自にCPUを開発していたら、たいてい訳アリです。たとえば、神威太湖之光（中国）のSW26010や京（日本）のSPARC64 XIII fxは政治的な思惑で開発されました。手短にまとめると、普通、CPUと呼ばれるものの実体はほぼマイクロプロセッサです。

　こうしたコンピュータのありかたへ第一歩を記したのは、1974年にインテルが発売した8080です。8080は世界で最初のマイクロプロセッサであり、同時に、世界で最初に市販されたCPUということができます。以降、コンピュータは一般的な電子回路の知識で作れるようになり、既存のメーカーとは別のところから、もうひとつの進化が始まったのです。

　当時のアメリカで8080が巻き起こした出来事は、本書の骨格を成しますが、その詳細へ踏み込むには相応の準備が求められます。現在、8080はすでに伝説の存在となっています。巷間、語り継がれるエピソードには多少なりとも尾ひれがついている恐れがあり、安易な受け売りはできません。なるべく多くの資料を集め、丁寧にウラをとりたいところです。

↑インテルのシングルボードコンピュータ SBC80/20 に搭載された 8080（2.5MHz版）

　幸い、アメリカでは今も昔もビジネスの成功物語、とりわけコンピュータ業界のノンフィクションが人気です。8080に関わってひと財産を築いたり失ったりした人たちの生きざまは格好の題材となり、地味に売れた本まで含めると結構な点数が出版されています。おかげで、8080の発売を契機にパソコンが生まれるあたりの経緯は資料に事欠きません。

一方、それまでコンピュータに縁のなかったメーカーや市井のホビイストたちが8080の技術的な成り立ちをどう捉えたかは、ほとんど知る手掛かりがありません。ノンフィクションがこともなげに語る開発の工程は実感を欠きますし、完成したあと動く様子も想像がつきません。こうした疑問に答えを出すため、実物の8080を入手して追体験をしました。

実物の8080は、幸運に恵まれ、奇跡的に入手することができました。その顛末は、のちほど報告します（⊃56）。それを動かして学んだことは、とかく情緒に流されがちな説明が具体性を帯びるという形で本書の至るところに反映されています。再現性はありません。同じ奇跡が起きるとしたら、同じ熱意を持って取り組み、同じ幸運に恵まれたときだけです。

⊕ ミニコンの構造から発想された電卓用IC

マイクロプロセッサの構想は日本の電卓メーカー、ビジコンが電卓用ICをインテルと共同開発する過程で生まれました。1970年ごろ、日本では電卓がブームになり、シャープはロックウェル、キヤノンはTI、リコーはAMIと組んで電卓用ICの開発を進めました。その中でビジコンとインテルの組みは、結果的に奏功するちょっとした問題を抱えていました。

インテルは世界で最初のマイクロプロセッサを発売する前に、世界で最初のSRAMとDRAMとEPROMを発売しています。創業から数年はメモリの開発に専念し、ほかの分野に関心を示しませんでした。この間に獲得したメモリの技術が売り上げとして実を結ぶまで、インテルは従業員の全員が1枚の写真に収まる規模の、町工場に近いメーカーでした。

電卓用ICはインテルの専門外であり、当初、設計はビジコンに任されました。ところが、ビジコンの設計はICの品種が10点を超え、インテルはそれを製造に移す余力を持ちませんでした。この問題を解決する新しい設計のアイデアを、インテルのテッド・ホフが出しました。そのアイデアは、かつてミニコンを使った経験から生まれたものといわれています。

⬆1969年に撮影したとされるインテルの全従業員106人の集合写真

CHAPTER●1―1970年代の事情

⬆1970年ごろの典型的なミニコン、DECのPDP-8と主要な周辺装置

　マイクロプロセッサの話にはよくミニコンが登場します。ミニコンは人によって印象の違う、困った存在です。たとえば、「ミニコンにならった」という表現を好意的に捉える人とそうでない人がいます。明確な事実をひとつ述べておきます。マイクロプロセッサが登場する以前、ミニコンは最下位のグレートに分類される、安上がりなコンピュータでした。

伝統的なコンピュータの概念は、CPUの大部分を数値演算ユニットが占め、どんな計算でも即座に答えを出す、文字どおりの電子計算機です。ミニコンはその数値演算ユニットをなくし、CPUの構造を簡略化して価格を下げたものです。1970年ごろの典型的なミニコンは、直接的な計算機能が整数の加算しかなく、それ以上のことはプログラムが実現します。

　テッド・ホフの念頭にあったのはDECのPDP-8だとされます。これはミニコンの中でもひときわシンプルで、周辺装置とのインタフェースや割り込み処理までプログラムが深く関与します。こういう構造は速度を落としますが、それで間に合う応用だと利点だらけです。価格が下がり、電力をさほど消費せず、システムの全体がオフィスの一画に収まります。

　電卓は計算が遅くても構いません。テッド・ホフは、ミニコンにならい、電卓用ICに求められる機能を単純な命令に分解した上で、必要な働きをプログラムで実現しようと考えました。その構想は、1971年、ビジコンの嶋正利らによって、4ビットCPUとでもいうべき4004に具体化されました。本書は、この4004をマイクロプロセッサの原型と位置づけます。

⬆インテルが4004だと説明する怪しげなIC

電卓用ICは最終的に、4001、4002、4003、4004の4点にまとめられました。4001は8ビット×256のROMと4ビットの汎用ポートです。4002は4ビット×80のRAMと4ビットの出力ポートです。4003は10ビットのシフトレジスタで、言い換えれば10ビットのパラレル出力です。これらが4004のもとで協調して働き、電卓に求められる機能を実現します。

このころ電卓の市場は競争が激化し、ビジコンは倒産の危機に瀕していました。一方、インテルは完成した電卓用ICが電卓だけでなく、さまざまな電子機器に応用できると考えました。双方の都合が一致して契約が見直されました。インテルはビジコンへ開発費を払い戻すとともに売り上げの5%を支払うことで、製品として販売する権利を獲得しました。

⊕ 電卓用ICの枠を超えて活用された4004

インテルは電卓用ICの一式をMCS-4と名付けました。4004を除く型番は馴染みが薄いと思うので、便宜上、4001をROM、4002をRAM、4003をシフトレジスタと呼ぶことにします。MCS-4の最小構成は4004とROMとRAMで、シフトレジスタはポートを増やすオプションです。ROMとRAMは各16個まで接続できて、4004が制御出力で区別します。

4004とROMとRAMは、2相のクロックと同期信号と4ビットの時分割バスで並列につながり、一種の同期通信をします。データは4ビット、命令は原則8ビット、アドレスは12ビットです。したがって4004はプログラムの1ステップごとに、アドレスを3回に分けて指定し、命令を2回に分けて読み取り、命令の内容によってもう何回かのやり取りをします。

この煩雑なやり取りを繰り返す4ビットの時分割バスはインテルの設計基準に16ピンのパッケージしかないという制約のもとに生まれました。だとしても、ほどほどの速度でいいMCS-4の場合、妥当な設計です。もし12ビットのアドレスバスと8ビットのデータバスだったら、やり取りが減るかわりに配線が5倍に増えて、回路の大型化が避けられません。

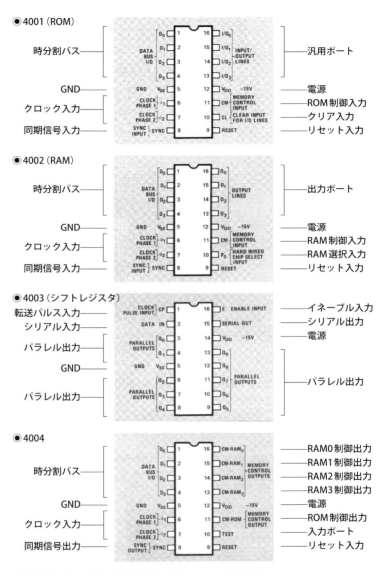

⬆ MCS-4のピンの働き（図版は MCS-4 Description から転載）

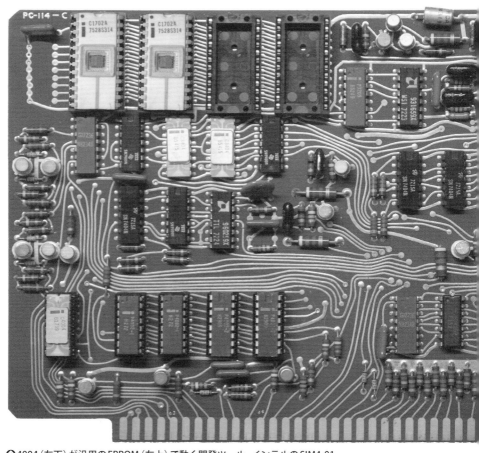

⬆4004（左下）が汎用のEPROM（左上）で動く開発ツール、インテルのSIM4-01

　MCS-4は半導体の構造がPMOSなので、負の電圧で動きます。電源電圧は-15Vで、信号は0Vから-5Vの間で振れます。もしTTLをつないで機能を拡張するとしたら電圧を全体に上へ5Vズラして動かさなければなりません。汎用のメモリを増設するのは、いっそう困難です。汎用のメモリとMCS-4のROMやRAMは、読み書きの手順が大きく異なります。

ですから、MCS-4は設計を頑張ると、たちまち話がこじれます。ファミリーのICだけで、マニュアルどおりに組み立てるのが原則です。ただし、例外がひとつあります。開発の段階ではROMのかわりに汎用のEPROMを接続して動かすことになります。技術に自信があれば、ここが腕の見せどころです。普通は、インテルの開発ツールを買って間に合わせます。

　インテルの顧客はすべて相応の技術と予算を持つメーカーだったので開発のやりかたがややこしいことは商談に影響しませんでした。MCS-4は、プリンタ付き電卓、伝票発行機、電子秤、置き時計などに応用されました。MCS-4で動いていることが見てわかる製品はありません。そのため、4004の型番が広く一般に知られるのは、ずっとあとのことです。

⊕ 端末用ICの開発が頓挫して生まれた8008

　ビジコンとインテルが電卓用ICの共同開発を始めた当時、端末のメーカー、データポイントもまたインテルに端末用ICの開発を委託していました。同社の端末は、ある程度の仕事を自分でこなす、インテリジェントな働きが売りものでした。端末用ICの目標は割り込みに対応した8ビットCPUのようなものであり、難しすぎて、しばらく保留されていました。

　電卓用ICがほぼ完成したころ、嶋正利とともにその開発にあたっていたフェデリコ・ファジンが、勇躍、端末用ICの開発に取り掛かりました。しかし、作業はやはり難航しました。端末用ICには思いのほか高速な動作が求められました。16ピンのパッケージでは、8ビットのデータと割り込みの命令を手際よくやり取りするバスの構造が作れませんでした。

　端末用ICは約束の期日に目標を達成できず、契約が解除されました。この窮地をふたつの幸運が救いました。第1に、日本の精工舎が関心を示し、8008の型番が付いて開発が継続されました。第2に、インテルが新しいメモリを開発する過程で設計基準に18ピンのパッケージを追加しました。1972年、18ピンの8008が、ようやく完成に漕ぎ着けました。

⬆18ピンのパッケージを採用したインテルの8008

　8008は半導体の構造がPMOSで、MCS-4と同様、負の電圧で動きます。電源電圧は、普通にいえば-14Vです。しかし、ユーザーズマニュアルは5Vと-9Vだと説明しています。そのせいでGNDに相当するピンがありません。これは電圧を全体に上へ5Vズラして動かすことを想定した表現です。その場合、信号は5Vから0Vの間で振れ、TTLがつながります。

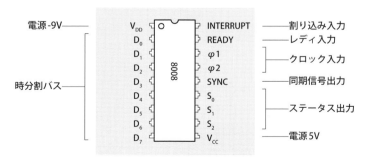

⬆8008のピンの働き

8008は、TTLでインタフェースを作り、汎用のメモリを接続する構造になっていて、MCS-4のROMやRAMやシフトレジスタに相当するファミリーのICがありません。当時、容量を増やしたメモリの新製品がどんどん登場していたので、それは妥当な判断でした。一説には、8008によってメモリの売り上げが伸びることのほうに期待されたともいわれます。

　開発の段階で課題となったバスの構造は、結局、8ビットの時分割バスに落ち着きました。時分割バスがやり取りするものはステータスが明示します。ステータスが確定するタイミングは2相のクロックと同期信号で判断します。簡単にいうと、外部に10個ほどのTTLを接続すれば、普通の人が想像するようなマイクロプロセッサの恰好にまとまります。

　その機能は、アドレス空間が16Kバイト、入出力空間が32バイト、ウエイトの挿入が可能で、割り込みに対応します。命令体系は、アドレシングモードとスタックがやや弱い点を除き、このあと登場するマイクロプロセッサと肩を並べます。8008は開発が難航して最後はやっつけたという文脈で語られることが多いのですが、案外、まともな出来栄えです。

　精工舎は予定どおり8008で建築設計用の計算機S-500を作りました。この例を始め、だいたいは専門性の高い電子機器に組み込まれました。ジョン・タイタスが汎用のコンピュータMark-8のプリント基板（ルーズキット）を発売し、『ラジオエレクトロニクス』1974年7月号の表紙を飾る出来事もありましたが、製作が難しく、人気は一部にとどまりました。

⊕ 世界で最初のマイクロプロセッサ8080

　インテルは半導体の製造技術に投資を惜しみませんでした。創業当初、プロセスルール10μmのPMOSだったものが、1972年には同6μmのNMOSへ進歩しました。それがメモリの性能を上げ、売り上げを伸ばし、また製造技術の投資に回る好循環が生まれました。加えて高性能のマイクロプロセッサを作れば、メモリがいっそう売れると考えられました。

4004と8008は結果としてインテルが発売しましたが、もとはカスタムICでした。独自のマイクロプロセッサを開発する部署はなかったので、テッド・ホフがスモールマシングループを立ち上げ、指揮をフェデリコ・ファジンに任せました。フェデリコ・ファジンはスタン・メイザーとハル・フィーニーを配属し、もうひとり、日本から嶋正利をスカウトしました。

　開発は1972年11月に始まりました。まず型番が8080に決まりました。目標は、8008に対し、速度の大幅な向上、外付けTTLが最少で済むバス、アドレス空間の拡張、スタックの改善、DMAに対応、汎用のコンピュータに使える命令体系などが掲げられました。話は簡単です。8008を開発するとき諦めたものを、新しい製造技術で実現しようというわけです。

　1973年1月から設計に入りました。NMOSはPMOSに比べて集積度が約1.7倍、速度が約6倍に向上します。もっとも、最高の援軍はインテルの設計基準がピンの数をとやかくいわなくなったことでした。40ピンのパッケージを採用してアドレスバスを独立させた結果、時分割バスをとおる信号の長さが8ビット以下に絞られ、動作が円滑になりました。

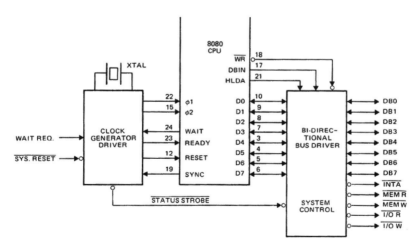

🔽8080の時分割バス（ユーザーズマニュアルより転載）

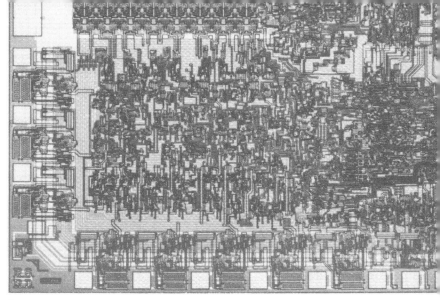
⬆8080のダイの左下に白く見える嶋家の家紋（丸に三つ引き）

　1973年8月に試作用のマスクが完成しました。試作の1回めは、製造ラインがNMOSに慣れていなくてうまく出来上がりませんでした。2回めは数個の動くダイがとれましたが、テストを繰り返す中で、悪い条件が重なったとき誤動作する部分が見付かりました。量産用のマスクは1974年1月に完成しました。製品は、1974年4月に発売されました。

　8080の量産第1ロットは不覚にも出力ピンの駆動能力が公表した仕様に届いていませんでした。16ピンや18ピンのICを設計した感覚が身に染み付き、40ピンのICが必要とする電流を低く見積もったことが原因でした。すぐにマスクが修正され、型番が8080Aに変更されました。なお、本書は原則として8080と8080Aを区別なく「8080」と表記します。

　マスクの作成に携わった嶋正利ともうふたりの技師（名前は不明です）は、一画にサインを入れることが許されました。嶋正利はメタル層に嶋家の家紋を入れました。ほかのふたりはデバイス層にイニシャルを入れました。インテルが公開しているダイの画像は全部の層を重ねてあり、家紋にイニシャルが乗ってしまって、目を凝らさないとわかりません。

本書は割り込みとDMAができることをもってCPUと認め、単一のICとして市販されているCPU（およびその集合体）をマイクロプロセッサと呼びます。4004は割り込もDMAもできません。8008は、割り込みができますが、DMAができません。8080は両方とも出来て条件を満たしており、これを世界で最初のマイクロプロセッサと位置づけます。

⊕ セカンドソースとリバースエンジニアリング

　アメリカの半導体産業は、1970年代をとおして、TI、モトローラ、NSが売り上げ順位の上位に君臨し、下位で多くの小さなメーカーがしのぎを削る構図でした。下位のメーカーは、たいてい老舗をスピンオフした技術者が創業しました。老舗の中でもフェアチャイルドは長く内紛が絶えず、優秀な人材を放出し続けて、年々、売り上げ順位を下げました。

　老舗をスピンオフした技術者は、メーカーを立ち上げる際、投資家から多額の出資を仰いでいます。そのため、いち早く利益を上げ、配当を出して関心をつなぎ止める必要がありました。売れそうな製品を見極めてじっくり設計に取り組む余裕はなく、カスタムICの委託生産を請け負ったり、他社の同等品を製造してセカンドソースに回ったりしました。

　インテルはフェアチャイルドをスピンオフしたボブ・ノイスとゴードン・ムーアがアーサー・ロックの出資を得て創業したメーカーです。ふたりとも有名な技術者だったので、基本的に自主性が尊重されましたが、いくらかはカスタムICにも取り組みました。それが、4004、8008、8080につながったのですから、まさに理想的な展開といっていいでしょう。

　この時点でインテルはまだ不意に消滅してもおかしくない新興のメーカーのひとつでした。顧客の製品に幅広く8080を採用してもらうには、安定供給を保証する観点から、セカンドソースが不可欠でした。そこで、ボブ・ノイスが同業のメーカーを回り、8080のサンプルを渡して同等品を作らないかと持ち掛けました。日本にも来て日本電気を訪ねています。

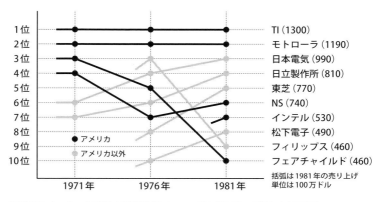

◑半導体メーカーの売り上げ順位（Dataquest調べのデータをもとに作図）

　インテルは、当初、ライセンス契約を結んでほしいとはいわなかったようです。つまり、暗にリバースエンジニアリングを認めていたわけです。もともと8080はメモリを売る目的で開発されました。どこのメーカーが作ろうと、8080が1個売れるたびにインテルのROMとRAMが数個ずつ売れるのであれば、それで十分な利益が上がるという計算です。

　リバースエンジニアリングにより、AMD、シグネティクス、NS、TI、日本電気、東芝、三菱電機、沖電気など15社以上が同等品を作りました。最初に登場したのはAMDのAM9080Aです。AMDはインテルとほぼ同時期、やはりフェアチャイルドの退職者が創業しました。AM9080Aは、立ち上がりの大切な期間、いち早く利益を上げて経営を支えました。

　インテルの思惑どおり、8080と同等品は相乗効果を上げてよく売れました。一方、メモリはインテルの技術的優位が薄れ、日本の製品に押されて伸び悩みました。この状況を見てインテルはついにマイクロプロセッサで稼ぐ覚悟を決めました。8080の周辺ICを続々と発売し、これらの同等品を製造しようとするメーカーにはライセンス契約を求めました。

8080の周辺ICは、8080よりは構造が単純なので、ライセンス契約を結ぶまでもなく各社が独自の技術で同等品を作ることができました。中でもAMDは積極的で、インテルと同じラインアップを整え、一部の製品はオリジナルにない機能を備えました。このころのAMDは、マイクロプロセッサとメモリを除き、インテルより優れた製品を揃えていたのです。

　1976年3月、インテルは8080の次のマイクロプロセッサ8085を発売しました。8080の周辺ICは8085でも利用できました。AMDは8085のライセンスを求める際、自社の周辺ICのライセンスと交換する、包括的クロスライセンス契約を結びました。この契約は8080に遡って適用されたので、AM9080Aがライセンスを受けていると説明する文献もあります。

⊕ 8080の命令体系を受け継いだ8085とZ80

　フェデリコ・ファジンとそのもとで働いていたラルフ・アンガーマンは、8080を完成させてすぐ、インテルを退職しました。フェデリコ・ファジンは、一連のマイクロプロセッサを開発したにもかかわらず、インテルの評価がさほど高くないことに不満を持っていたとされます。ラルフ・アンガーマンは、単に同じ会社で長く働くことが苦手だったようです。

　ふたりは石油大手のエクソンに出資を仰ぎ、新しい半導体のメーカー、ザイログを創業しました。エクソンの意向で、最初の製品は8080の改良品に決まりました。そこで、フェデリコ・ファジンは、ともに8080を開発した嶋正利をスカウトしました。インテルはスモールマシングループの主要な技術者を失いましたが、当時、その種の事件は日常茶飯事でした。

　1976年7月、ザイログのマイクロプロセッサがZ80という名前で発売されました。インテルの8080と比べて優れたところを挙げたらキリがありません。しかし、コンピュータの世界で丸2年前の製品に対してどれほど進歩したかを述べるのは悪趣味です。比べるとすれば、ほぼ同時期に発売された8085のほうでしょう。その場合、一長一短があります。

↑ザイログのZ80（正式名称はZ80CPU）

　Z80の長所は、全部のバスがストレートな（時分割されていない）こと、DRAM接続用にリフレッシュタイミングとリフレッシュアドレスを出力すること、ファミリーの周辺ICと組み合わせた場合に高度な割り込み処理ができること、などです。短所は、クロック生成器を備えていないこと、ファミリーの周辺ICがなかなか発売されなかったこと、などです。

　命令体系は、Z80も8085も、8080から全部の命令を受け継いだ上で独自の命令を拡張しています。Z80のほうが多くの命令を拡張していますが、プログラマが特定のマイクロプロセッサでしか動かない命令を嫌ったことから、いずれにしろ拡張された命令は無用の長物となりました。プログラマにとってZ80と8085は、相変わらず8080と同じものでした。

　現実の状況を踏まえると、Z80を選ぶ明らかな利点はDRAMを接続しやすいことしかありません。しかし、その1点で、普及の兆しを見せていたパソコンに幅広く採用されました。1977年に発売された、いわゆる80系のパソコンは、すべてZ80を採用しています。6502を含む68系のパソコンでさえ、オプションのCPUカードでZ80に対応したほどです。

　こうして8080が全盛の時代は過ぎ去りました。しかし、8080の周辺ICはZ80でも利用されました。BASICなどのソフトウェアは8080のものがほぼそのまま流用されました。ホビイストは価格が下がった8080を好んで使い、『バイト』などの雑誌は1982年あたりまで8080の記事を掲載しています。8080の存在感は、ゆっくりフェイドアウトしたようです。

2 アメリカの騒動

[第1章]
伝説の誕生

⊕ ホビイスト向けに発売された汎用のコンピュータ

　インテルは、8080を出荷する時点で、当面の応用が電子機器への組み込みに限られると予想しました。もし8080で汎用のコンピュータを作ったら、その性能は既存の最悪の機種を下回ります。しかも、ROMよりずっと高価なRAMを大量に使うため、性能に対し、荒唐無稽な値札が付くと考えられました。しかし、その予想はすっかり外れてしまいました。

　真っ先に8080を使ったのはRAMをわずか256バイトだけ備えた汎用のコンピュータAltair（正式名称はAltair8800）でした。価格は498ドル、キットなら破格の397ドルです。これがウケて、インテルの予想に欠けていた要素が明らかになりました。何はともあれ個人で買えるコンピュータが、実用性にとらわれないホビイストの需要を掘り起こしたのです。

　発売したのは電子工作のキットのメーカーMITSで、実は経営が思わしくありませんでした。社長のエド・ロバーツは8080に社運を賭ける決意を固め、銀行に65000ドルの融資を申し込みました。このとき銀行がろくな審査もなしに満額を融資したおかげで、通常は360ドルの8080が一括購入価格75ドルになり、個人で買えるコンピュータが成立しました。

　MITSがよく広告を掲載していた『ポピュラーエレクトロニクス』は、1975年1月号でAltairの紹介記事を組みました。実物は完成しておらず、写真は模型でした。ウラがとれていませんが、のちにマイクロソフトを興すビル・ゲイツがそれを実物と誤解し、MITSにBASICを売り込む際、「もうAltairで動いている」と間抜けなウソをついた話が有名です。

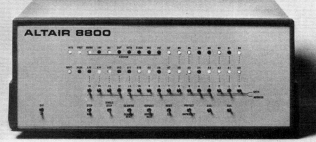

『ポピュラーエレクトロニクス』1975年1月号のAltairの紹介記事（先頭ページ）

MITS

A COMPUTER CONCEPT BECOMES AN EXCITING REALITY.

Not too long ago, the thought of an honest, full-blown computer that sells for less than $500 would have been considered a mere pipe dream.

Everyone knows that computers are monstrous, box-shaped machines that sell for 10's and 100's of thousands of dollars.

Pipe dream or not, MITS, the quality engineering oriented company that pioneered the calculator market, has made the Altair 8800 a reality. It is the realization of that day when computers are accessible to almost anyone who wants one.

The heart (and the secret) of the MITS Altair 8800 is the Intell 8080 processor chip. Thanks to rapid advances in integrated circuit technology, this one IC chip can now do what once took thousands of electronic components (including 100's of IC's) and miles of wire.

Make no mistake about it. The MITS Altair 8800 is a lot of brain power. Its parallel, 8-bit processor uses a 16-bit address. It has 78 basic machine instructions with variances up to 200 instructions. That's more than enough to program all the street lights in a major city.

And the MITS Altair 8800 Computer is fast. Very fast. It's basic instruction cycle time is 2 microseconds.

Combine this speed and power with the Altair's flexibility (it can directly address 256 input and 256 output devices) and you have a computer that's competitive with most mini's on the market today. And sells for a fraction of their cost.

The Altair 8800 has been designed to fulfill a wide variety of computer needs. It is ideal for the hobbyist who wants to get involved with computers. Yet, it has the power and versatility for the most advanced data processing requirements.

It's basic memory of 256 words of static RAM memory can be expanded to 65,000 words of directly addressable memory. Static OR dynamic memory. OR PROM or ROM memory. OR a floppy disc system. All supplied by MITS.

Using standard MITS interface cards, the Altair 8800 can be connected to MITS peripherals (computer terminals, line printers, audio-cassette interface) to form the core of a sophisticated time-share system.

The Altair 8800 can be a process controller. It can be an educational device. Or it can be expanded to be an advanced, custom intrusion system. A programmable scientific calculator. Automatic IC tester. Automated automobile test analyzer. Complete accounting system. "Smart" computer terminal. Sound and light system controller.

OR it can be all of these things at the same time. It could be the beginning of new business opportunities. The list of applications is literally endless.

MITS wants to service your individual computer needs.

You can buy an assembled Altair 8800. Or you can start by building the computer yourself. The MITS Altair 8800 is the ultimate kit. Its assembly isn't much more difficult than assembling a desktop calculator.

OR you can start with an Altair 8800 complete data processing system. Altair Systems come in 4 basic configurations.

For those users who are not familiar with computers, MITS offers free consultation service. Just describe your requirements to our engineering staff and we will specify the additional cards and the system configuration you need to do the job.

The MITS Altair 8800 is backed by complete peripheral and software development programs. There is even a high level language available.

Order your Altair 8800 Computer today. As a special introductory offer, MITS is offering the Altair 8800 at a discount of $100. This offer is good on all orders postmarked prior to March 1, 1975.

PRICES:
Altair 8800 Computer (assembled with complete operation instructions) **$750.00**
Altair 8800 Computer (kit form) **$495.00**
Subtract $100.00 from above prices on all orders postmarked prior to March 1, 1975.

MITS INC.
"Creative Electronics"

Warranty: 90 days on parts and labor for assembled units. 90 days on parts for kits.
Prices, specifications and delivery subject to change without notice.

☐ Enclosed is a Check for $ _____
or ☐ Bank Americard #
or ☐ Master Charge #
Credit Card Expiration Date _____
Include $8.00 for Postage and Handling. ☐ Kit ☐ Assembled
☐ ALTAIR 8800
☐ Please send complete Altair System Catalogue.
NAME _____
ADDRESS _____
City _____
STATE & ZIP _____
MITS / 6328 Linn, N.E., Albuquerque, New Mexico 87108 505/265-7553

CIRCLE NO. 23 ON READER SERVICE CARD

↑『ポピュラーエレクトロニクス』1975年2月号に掲載されたMITSの広告

紹介記事はエド・ロバーツとMITSの技術者、ビル・イェイツが連名で書きました。技術的な内容を詳細に解説していて、読者が理解できたかどうか心配になるほどです。Altairは「Minicomputer」と表現されています。これをもしハッタリと受け止めたなら誤解です。数値演算ユニットのないCPUを採用したものはミニコンと呼ぶのが当時の通例です。

　エド・ロバーツは、Altairに年間400台の注文が入れば経営を立て直せると胸算用を弾きました。その目標は、『ポピュラーエレクトロニクス』が発売された当日の電話予約だけで達成されました。数日たつと、小切手の入った封筒が山積みになりました。エド・ロバーツは、そういう状況を半分は喜びながら、もう半分で価格が安すぎたと後悔したようです。

　MITSは翌月の広告でAltairの価格をこう記載しました。「完成品が750ドル、キットが495ドル、1975年3月1日までの注文は100ドルを値引きします」。当面の実質的な価格は、当初の価格と大差がありません。その傍ら、間もなく値上げすることを巧みな言葉で予告しています。翌々月の広告では、完成品が621ドル、キットが439ドルになっていました。

　この身勝手な価格の改定にもかかわらず、注文は減りませんでした。MITSが出荷を始めると、それまでAltairが実際に存在するものか疑いを持っていた人たちの注文が加わり、むしろ勢いを増しました。出荷台数は1975年3月までの累計が1500台、以降はしばらく毎月2500台のペースが続きました。それでも、注文から出荷まで3箇月が掛かりました。

　1975年3月には、1Kバイトと4KバイトのRAMボード、パラレルボード、シリアルボードが発売されました。同年6月の商品リストには、ビル・ゲイツから仕入れたBASICが加わりました。Altairにシリアルボードを装着すると端末がつながり、さらに4KバイトのRAMボードを装着してBASICを走らせれば、夢に見たコンピュータの恰好が出来上がります。

　MITSとAltairの輝かしい物語はここまでです。開発に人員を掛けていないMITSが短期間のうちに8080を使いこなしたことは驚きですが、関連のボード類もまた短期間で安定して動かすことは無理でした。とりわけ4KバイトのRAMボードは誤動作を頻発し、BASICが起動するかどうかは時の運でした。ホビイストたちの寛容さはそろそろ限界でした。

If you thought a rugged, professional yet affordable computer didn't exist,

think IMSAI 8080.

Sure there are other commercial, high-quality computers that can perform like the 8080. But their prices are 5 times as high. There is a rugged, reliable, industrial computer, with high commercial-type performance. The IMSAI 8080. Fully assembled, it's $931. Unassembled, it's $599. And ours is available now.

In our case, you can tell a computer by its cabinet. The IMSAI 8080 is made for commercial users. And it looks it. Inside and out! The cabinet is attractive, heavy-gauge aluminum. The heavy-duty lucite front panel has an extra 8 program controlled LED's. It plugs directly into the Mother Board without a wire harness. And rugged commercial grade paddle switches that are backed up by reliable debouncing circuits. But higher aesthetics on the outside is only the beginning. The guts of the IMSAI 8080 is where its true beauty lies.

The 8080 is optionally expandable to a substantial system with 22 card slots in a single printed circuit board. And the durable card cage is made of commercial-grade anodized aluminum.

The IMSAI 8080 power supply produces a true 28 amp current, enough to power a full system.

You can expand to a powerful system with 64K of memory, plus a floppy disk controller, with its own on-board 8080—and a DOS. A floppy disk drive, an audio tape cassette input device, a printer, plus a video terminal and a teleprinter. These peripherals will function with an 8-level priority interrupt system. IMSAI BASIC software is available in 4K, that you can get in PROM. And a new $139 4K RAM board with software

memory protect. For the ultimate in flexibility, you can design the system for low-cost multiprocessor, shared memory capability.

Find out more about the computer you thought didn't exist. Get a complete illustrated brochure describing the IMSAI 8080, options, peripherals, software, prices and specifications. Send one dollar to cover handling.

Call us for the name of the IMSAI dealer nearest you.

Dealer inquiries invited.

IMSAI
IMS Associates, Inc.
14860 Wicks Boulevard
San Leandro, CA 94577
(415) 483-2093
PE-12

DECEMBER 1976

❶『ポピュラーエレクトロニクス』1976年12月号に掲載されたIMSAIの広告（発売1年後）

［第1章］伝説の誕生

1975年12月、IMSアソシエイツがAltairの互換機IMSAI（正式名称は IMSAI8080）を発売し、もうひとつの選択肢を示しました。価格は931ド ル、キットが599ドル（初期の特売期間のみ499ドル）と高めですが、電源 などに余裕を持たせたほか全体に信頼性の高い部品を使っています。そ の上、顧客対応が丁寧だったので、Altairの注文を相当な数、奪いました。

　翌年からは新型のマイクロプロセッサを使ったコンピュータが現れま す。1976年7月にアップルのApple I、1977年1月にコモドールのPET、 4月にアップルのApple II（以上は6502）、12月にタンディのTRS-80 （Z80）が登場しました。これらは、標準仕様でキーボードとディスプレイ がつながり、BASICが走る、初期のパソコンのスタイルを確立しました。

　MITSはこうした流れに乗れず、絵に描いたような1発屋で終わりま した。それでも、Altairを売った実質3年半はコンピュータの歴史に変革 の足跡を残しました。たとえば、生態がわからなかったコンピュータの ホビイストたちを顕在化させ、ひとつの市場にまとめました。何より、マ イクロプロセッサに汎用のコンピュータという活躍の場を与えました。

　8080はインテルが出荷前に予想したとおり、結構な数量、電子機器へ の組み込みにも応用されています。しかし、結果として現在のインテル は、汎用のコンピュータに向けたマイクロプロセッサがラインアップの 中心です。それはAltairが示した道筋であり、実用性がもの足りないと いわれ続けた期間、その発展を支えたのはホビイストたちの需要でした。

⊕ マイクロプロセッサの普及に貢献した電子技術系の雑誌

　『ラジオエレクトロニクス』と『ポピュラーエレクトロニクス』は1970 年代のアメリカで人気を二分した電子技術系の雑誌です。どちらも、テ レビがようやく一般の家庭に行き渡ったころ、その修理をする技術者に 向けて創刊されました。やがてホビイストを対象とした無線やオーディ オの記事が増え、また、少しずつデジタルを取り扱うようになりました。

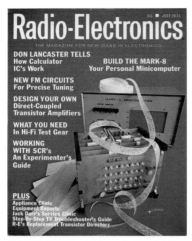 

⬆初期の段階でコンピュータの記事を掲載した電子技術系の雑誌

　デジタルの記事は、電卓や時計のキットを題材として、その設計者が中身を解説する形で始まりました。ちなみに、日本でカシオミニが大ヒットしたとき、アメリカでは電卓がまだ趣味の対象でした。専門家の分析を拝借すると、日本人はソロバンに馴染んでいましたが、アメリカ人は日常生活で計算機を必要とするような計算をしなかったのだそうです。

　『ラジオエレクトロニクス』のMark-8や『ポピュラーエレクトロニクス』のAltairは、キットを紹介する紙面づくりの延長線上にありました。どちらも一番乗りの紹介記事で、反響を呼んだはずですが、フォローがなくてそれっきりになっています。マイクロプロセッサの記事は、1975年9月に創刊された、いわば新参の雑誌『バイト』の独壇場となりました。

　老舗の雑誌がデジタルの全般を苦手としていたわけではありません。Altairの紹介記事が出たころ、ビギナー向けにはシグネティクスのタイマIC、NE555で電子サイコロなどを作っていますし、腕を振るっていいとなればTTLでビデオ端末を組み立てました。つまり、電子回路は得意なものの、ひとたびプログラムが絡むと、からっきしダメなのです。

この事実は当時の「普通」を代表しています。コンピュータに関わりのないところで年季を積んだ技術者はICの中身を理解した上で使おうとして新しい概念にぶつかり、行き詰まってしまうのです。市井のホビイストにはなおのこと難物でした。それでも、あるひと握りの人たちは、マイクロプロセッサを使ってコンピュータを自作することができました。

　その能力がどういう経緯で身に付いたかはまちまちです。父親がコンピュータの技術者だったとか、大学のコンピュータサイエンス学科へ入学したとか、軍の仕事でコンピュータを操作したとか、概略、そんな感じです。彼らは、ほかの人たちより数年、先を行きました。彼らがマイクロプロセッサを動かして見せたので、やがてそれが「普通」になりました。

⊕ ピープルズコンピュータカンパニーの活動

　1970年ごろ、アメリカの大学では、反体制運動、ヒッピー、ロック、コンピュータが混然となって独特の思想を形成していました。たとえば、DECのミニコンはIBMから計算能力を大衆の手に取り戻した英雄と位置づけられました。構内には反戦集会への参加を呼び掛けるビラと並んでコンピュータクラブを結成したという趣旨のビラが貼られました。

　1972年10月、スタンフォード大学と道ひとつ挟んだ出版社、ダイマックスでピープルズコンピュータカンパニーが旗揚げされました。「カンパニー」と付くのはビッグブラザー・アンド・ザ・ホールディングカンパニーというロックバンドの名前にならったせいで、会社ではなく、強いていえば同好会です。目標に掲げたのはコンピュータの大衆化でした。

　リーダーはダイマックスの経営者であるボブ・アルブレヒト、メンバーの中心はスタンフォード大学の職員や学生でした。ダイマックスはボブ・アルブレヒトの趣味でPDP-8を所有しており、もともとコンピュータ好きの溜まり場でした。その集団に名前を付け、活動の目標を与えたのが、ピープルズコンピュータカンパニーだと理解すればいいでしょう。

↑ピープルズコンピュータカンパニーの機関誌の購読申込書

　コンピュータの大衆化はふたつのやりかたで進められました。ひとつはPDP-8のタイムシェアリング端末を「謙虚な料金」で貸し出すことです。高校生やもっと小さな子供を対象にコンピュータ教室を開くこともありました。もうひとつは機関誌の発行です。出版社が関係しているにもかかわらず、機関誌は手作り感に満ち、反戦集会のビラのノリでした。

　ピープルズコンピュータカンパニーは3年もすると運営を役員会で決済するような組織に発展しました。よく議題にのぼったのは、限られた場所で限られた時間、限られた人たちにコンピュータを貸し出すことが、果たして大衆化にあたるのかということでした。ちょうどそんなタイミングでMITSがAltairを発表し、役員会にひとつの答えを示しました。

　一方のMITSは、Altairを発表したものの出荷が追い付かず、小切手を送ったきり3箇月も待たされている人たちからの催促に悩まされていました。詐欺を疑うような問い合わせもありました。その対策として、動くことを確認したAltairを1台、ピープルズコンピュータカンパニーに貸し出しました。そこがAltair待ちの人たちの巣窟と聞いていたからです。

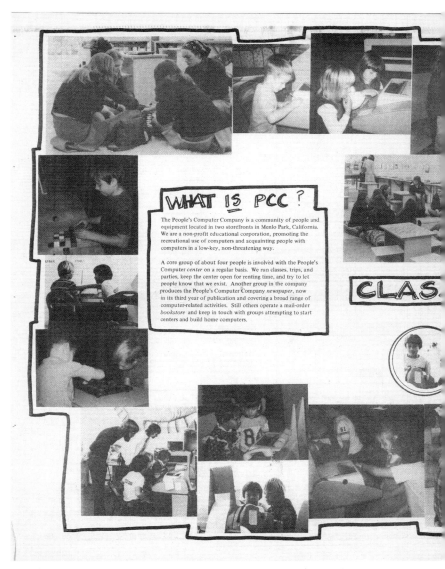

↑1975年第3号の機関誌に掲載されたピープルズコンピュータカンパニーの活動

機関誌でハードウェアの紹介記事を担当していたリー・フレゼンスタインは、Altairを1週間に渡って使い込み、その衝撃を雷の写真でベタに表現しました。紹介記事では、ときどき雑音を拾って誤動作すること、電源が弱いことなどを指摘しつつ、こう述べています。「Altairには（少なくとも）ふたつの利点があります。現に存在し、動いていることです」。

⊕ ホームブルゥコンピュータクラブの活動

　ピープルズコンピュータカンパニーでコンピュータ教室を受け持っていたフレッド・ムーアはAltairが見事にミニコンの要素を備えていることに感動し、これを教材にしてコンピュータの成り立ちを教えたらどうかと提案しました。しかし、それはコンピュータの専門家を生むだけで大衆化に寄与しないと判断され、役員会の了承が得られませんでした。

　全員が反対したわけではありません。機関誌で電子回路の解説記事を担当していたゴードン・フレンチは賛成した側のひとりです。このまま誰もやらないよりは別の組織でやったほうがいいと考え、フレッド・ムーアとともにホームブルゥコンピュータクラブを立ち上げました。例によって街中の至るところにビラを貼り、集会への参加を呼び掛けました。

　第1回の集会は、1975年3月5日、ゴードン・フレンチの家のガレージで開かれました。司会はフレッド・ムーアが務めました。ふたりとも、ピープルズコンピュータカンパニーのAltairを借りて、ここでコンピュータ教室を始めるつもりでした。しかし、冒頭、みんなが短い自己紹介を済ませたところで、もうとてもそんな感じにはならないことがわかりました。

　ホームブルゥコンピュータクラブの会報の第1号によると、参加したのは32人の熱狂的なホビイストたちでした。6つのグループがすでにホームブルゥ（自家製）のコンピュータを完成させ、ちゃんと動かしていましたし、数人が8008を動かすために外付け回路の設計を済ませたところでした。何人かはAltairを注文し、届くのを待っていました。

NEWSLETTER
Issue number one Fred Moore, editor, 2100 Santa Cruz Ave., Menlo Park, Ca. 94025 March 15, 1975

AMATEUR COMPUTER USERS GROUPE
HOMEBREW COMPUTER CLUB...you name it.

Are you building your own computer? Terminal? TV Typewriter? I/O device?
or some other digital black-magic box?
Or are you buying time on a time-sharing service?
If so, you might like to come to a gathering of people with likeminded interests.
Exchange information, swap ideas, talk shop, help work on a project, whatever...

    This simple announcement brought 32 enthusiastic people together March 5th at Gordon's garage. We arrived from all over the Bay Area---Berkeley to Los Gatos. After a quick round of introductions, the questions, comments, reports, info on supply sources, etc., poured forth in a spontaneous spirit of sharing. Six in the group already had homebrew systems up and running. Some were designing theirs around the 8008 microprocessor chip; several had sent for the Altair 8800 kit. The group contained a good cross section of both hardware experts and software programmers.
    We got into a short dispute over HEX or Octal until someone mentioned that if you are setting the switches by hand it doesn't make any difference. Talked about other standards: re-start locations? input ports? better operating code for the 8080? paper tape or cassettes or paper & pencil listings? Even' ASCII should not be assumed the standard: many 5 channel Model 15 TTYs are about and in use by RTTY folks. Home computing is a hobby for the experimenter and explorer of what can be done cheaply. I doubt that standards will ever be completely agreed on because of the trade-offs in design and because what's available for one amateur may not be obtainable for another.
    Talked about what we want to do as a club: quantity buying, cooperation on sofrware, need to develop a cross assembler, share experience in hardware design, classes possibly, tips on what's currently available where, etc. Marty passed out M.I.'s Application Manual on the MF8008 and let it be known that he could get anything we want. Steve gave a report on his recent visit to MITS. About 1500 Altairs have been shipped out so far. MITS expects to send out 1100 more this month. No interfaces or peripherals are available until they catch up with the mainframe back orders. Bob passed out the latest PCC and showed the Altair 8800 which had arrived that week (the red LEDs blink and flash nicely). Ken unboxed and demonstrated the impressive Phi-Deck tape transport.
    What will people do with a computer in their home? Well, we asked that question and the variety of responses show that the imagination of people has been underestimated. Uses ranged from the private secretary functions: text editing, mass storage, memory, cte., to control of house utilities: heating, alarms, sprinkler system, auto tune-up, cooking, etc., to GAMES: all kinds, TV graphics, x-y plotting, making music, small robots and turtles, and other educational uses, to small business applications and neighborhood memory networks. I expect home computers will be used in unconventional ways---most of which no one has thought of yet.
    We decided to start a newsletter and meet again in two weeks. As the meeting broke up into private conversations, Marty held up an 8008 chip, asked who could use it, and gave it away!

NEXT MEETING WEDNESDAY, MARCH 19th. 7 PM at
Stanford's Artificial Intellegence Laboratory, Conference room,
Arastradero Road in Portola Valley.   Look for this road sign:
                                               DC Power Lab

Announcoment:
    Texas Instruments Learning Center is presenting an early moming home television series, April 15-18, on "Introduction to Microprocessors." In the San Jose-Bay Area tbis program will be on channel 11 at 6:OO AM.

⬆ホームブルゥコンピュータクラブの会報の第1号（複数の資料をもとに再現）

⬆1979年の集会で発言するゴードン・フレンチ　　Photo courtesy of Lee Felsenstein

　ビラを見て集まったのはコンピュータ教室の生徒ではなく、ひとりひとりが先生でした。マイクロプロセッサの取り扱いに長けた人、腕っこきのプログラマ、どんなICでもマニュアル付きで仕入れてくる部品店の店主などです。付け加えると、新しいコンピュータクラブが結成されたとき必ずお祝いに駆け付けるボブ・アルブレヒトが参加していました。
　第2回の集会はスタンフォード人工知能研究所の会議室で開かれ、参加者は60人でした。第3回はペニンシュラスクール、第4回からあとはスタンフォード線型加速器センターの講堂で開かれました。参加者数は、しばらく記録がありません。次に現れる記録では、1975年12月10日の集会が200人以上、1976年1月7日の集会が300人以上となっています。

参加者が何百人にもなるとホームパーティーのようにはいきません。誰かが演壇に上がり、とっておきの成果を発表したり、関心事に意見を求めたりする形をとりました。一方で、自由な会話も楽しめるように「ランダムアクセス」の時間が設けられました。司会は生真面目なフレッド・ムーアにかわって機転の利くリー・フレゼンスタインが引き受けました。

　1977年1月19日の集会には240人が参加し、発表の合間に所有しているコンピュータの調査が行われました。結果は、IMSAIが43台、Altairが22台、そのほかの8080系が29台、6800/6502系が49台、Z80系と8008系がそれぞれ9台など合計182台でした。コンピュータの大衆化は、目標を掲げて頑張るまでもなく、ただ面白がっているだけで進んでいました。

⬇1977年1月19日の参加者240人が所有していたコンピュータ

機種	台数	CPU	形式
IMSAI8080	43	8080	箱型
Altair8800	22	8080	箱型
Other 8080 systems	29	8080	Sol-20、Poly88など
AMI Evaluation Board	20	6800	シングルボード
SWTPC6800	4	6800	箱型
Apple I	6	6502	シングルボード
JOLT	5	6502	シングルボード
KIM-1	4	6502	シングルボード
Other 6800/6502 systems	10	6800/6502	Sphereなど
Zilog Z80 systems	9	Z80	―
Intel 8008 systems	9	8008	―
RCA1802 systems	6	RCA1802	―
Fairchild F8 systems	5	F8	―
DEC LSI11 systems	3	LSI11	―
Other systems	7	―	TTL、Bit sliceなど

ホームブルゥコンピュータクラブは最高の技術と部品と人材が集まる場所になりました。マイクロプロセッサの使いかたに関しては大学のコンピュータサイエンス学科より高度な発表が聞けますし、「ランダムアクセス」の時間に希少な部品が取り引きされました。また、電子機器のメーカーから人事担当が参加して技術者を探す光景も見られました。

⊕ ホームブルゥコンピュータクラブから巣立ったメーカー

　最初の1年、よく議題にのぼったのはAltairやIMSAIのスロットに挿すボード類の話でした。もっとも、それは決まってこんな感じで進みました。「どんなボードを作ったら役に立つだろうか」、「まずはメモリを増やさなければ始まらない」、「MITSの4KバイトのRAMボードはひどいものだ」、「誰か信頼性の高いRAMボードの作りかたを知らないか」。

　リー・フレゼンスタインは司会者として進行を仕切りながら、問題の原因がプリント基板のズボラなパターンの引き回しにあると見当を付けていました。もしその点を改良してRAMボードを作ったら、売れることが明らかでした。しかし、どういうわけか（たぶん1970年代に独特の思想が背景にあって）、自ら進んで開発に取り組もうとはしませんでした。

　リー・フレゼンスタインと親交のあったボブ・マーシュは失業中のヒマに任せてよく集会に参加していました。彼は、作れば売れるものを作ろうとしない友人にかわって行動を起こしました。リー・フレゼンスタインに協力してもらう約束を取り付けた上で、会報の「掲示板」で信頼性の高いRAMボードのプリント基板を作ると宣言し、前金を集めました。

　プリント基板は2箇月後に完成し、リー・フレゼンスタインが書いた組立説明書とともに前金を支払った人たちへ引き渡されました。それは見事に安定して動作し、引き続き注文が入ったので、結果として大きな利益を上げました。ボブ・マーシュは、これを機会にプロセッサテクノロジを設立し、Altairをよりスマートにした互換機、Sol-20を発売します。

⬆Apple Iをテストするスティーブ・ウォズニアク（左）とスティーブ・ジョブズ（右）

　ヒューレットパッカードの電卓部門に勤めていた技術者、スティーブ・ウォズニアクは第1回の集会に参加した32人のうちのひとりです。コンピュータは独学ですが、マイクロプロセッサの取り扱い、ビデオ出力回路の設計、BASICの開発など、ホビイストが関心を寄せる技術の全般に精通していました。その腕前は「ウォズの魔法使い」と呼ばれたほどです。
　彼は、まわりのみんながAltairやIMSAIに抱いている不満を魔法使いでなければできない方法で解決しようとしました。モステクノロジーの6502、4KバイトのRAM、ビデオ出力回路、キーボードのインタフェース、電源のレギュレータを1枚のプリント基板にまとめ、オプションのボード類をあれこれ付け足さなくて済むコンピュータを構想したのです。

試作第1号機は、1976年3月17日の集会で、演壇に立って披露しました。評判は上々でしたが、質疑応答の中で多少の問題に気付かされたので、あと数回、集会に改良機を持参し、「ランダムアクセス」の時間に電源コンセントがある会場の後ろのほうで動かして見せました。もう改良の余地がないと思えるものに仕上がったのは1976年5月のことでした。

　彼はこの1台をただ自慢したい一心で作りました。強いていうなら「成果を共有する」ホームブルゥコンピュータクラブの精神にのっとり、もし要望があればプリント基板を売るつもりでした。しかし、親しい友人、スティーブ・ジョブズから製品として販売するよう持ち掛けられると、長い付き合いでいつもそうしたように、少し抵抗してすぐ同意しました。

　ふたりは名目上の会社、アップルを設立し、コンピュータをApple Iと名付けました。最初にバイトショップから50台の注文が入りました。その製作費を捻出するため、ふたりはクルマや電卓など身のまわりにある金目のものを売ったとされます。雑誌に掲載した広告にも反応がありました。結局、Apple Iは200台弱が売れ、約1万ドルの利益を上げました。

　ホームブルゥコンピュータクラブのメンバーが起業したコンピュータのメーカーは、ほかにもクロメムコ、オズボーンなど数社があります。現在の感覚だと、意欲を持った人が起業するのはごく自然な行為です。しかし、8080を筆頭にさまざまなマイクロプロセッサが登場するまで、コンピュータの業界は、そういうことができる状況になかったのです。

⊕ 伝統的なCPUを追い越したマイクロプロセッサの需要

　1970年代、コンピュータの約9割は「IBMと小さな7社」と呼ばれる都合8社が製造していました。残りの約1割は、アメリカを除く各国で育成政策に守られたメーカーが製造しました。CPUの開発には莫大な費用と門外不出の技術が必要であり、この先も永遠に、コンピュータはこれらの限られたメーカーからのみ出荷されるものと考えられていました。

⬇1971年のコンピュータ設置金額上位8社（IDC EDP Industry Reportより引用）

機種	設置金額[注]	シェア	以降のCPU開発状況
IBM	28730	62.1%	1990年からPowerを採用
ハネウェル	3902	8.4%	1991年ごろ撤退
ユニバック	2311	5.0%	1986年にバロースが買収
バロース→ユニシス	1838	4.0%	2000年からXeonを採用
CDC	1588	3.4%	1989年ごろ撤退
RCA	948	2.0%	1972年ごろ撤退
NCR	875	1.9%	1982年ごろ撤退
DEC	539	1.2%	1998年にコンパックが買収
そのほか	5555	12.0%	―

[注] 単位100万ドル

　マイクロプロセッサの登場は、そんな状況を一変させました。最大の難物、CPUが部品店に並び、あとはもう一般的な電子回路の知識でコンピュータを作れるようになったのです。さらに、クルマや電卓を売ったくらいの資金で成功を収めるメーカーの事例が出ると、何もなければほかの分野に向かったであろう才能が集まり、いっそう盛り上がりました。

　以降の経緯は地球の歴史を見るようです。地上の王者として君臨していた恐竜は氷河期の寒さと飢えで絶滅し、小動物が生き残って新しい王者の地位に就きました。既存のメーカーは、大きな予算を動かす分、ひとたびつまずくと撤退に追い込まれました。マイクロプロセッサを採用したメーカーはやり直しが利き、潰れたとしてもすぐかわりが現れました。

　半導体製品はマイクロプロセッサからメモリまで、だんだんと性能を上げ、価格を下げました。これで、現在の状況に至る道筋が決まりました。1984年、マイクロプロセッサを採用したコンピュータは総売上金額で伝統的なコンピュータを追い越しました。2017年、アップルは株式の時価総額で世界最大の会社に成長しています。同じ年、IBMは40位です。

3 日本の反応

[第1章]
伝説の誕生

⊕ 日本の市場を2年遅れで活性化したTK-80

　8080の発売に対する日本の反応は、少なくとも最初の2年、アメリカと大きく異なりました。インテルと親交のあった精工舎がSEIKO7000、ソードがSMP80/20（ともに業務用のコンピュータ）を発売しましたが、それ以外は関心がないか、8080の存在そのものを知らなかったとみられます。増してやホビイストたちが熱狂する状況には至りませんでした。

　日本がことさら鈍感だったのではありません。ヨーロッパも似たようなものでした。どちらかといえば、おかしいのはアメリカです。1971年のコンピュータ設置台数は、アメリカが84600台、日本が8680台、ヨーロッパはそれ以下です（IDC調べ）。アメリカは桁違いのコンピュータを所有しており、8080を見てピンとくる人の数が格段に多かったのです。

　日本のトップメーカー、日本電気はインテルから数箇月の遅れで同等品の製造を始めています。当初、大半はアメリカへ輸出されました。やがてセカンドソースが増え、アメリカでの競争が激化すると、国内へ目を向けざるを得なくなりました。日本で売るには、気の遠くなるような話ですが、まず8080がどういうものかを知ってもらう必要がありました。

　1976年8月、日本電気は研修用の教材としてμPD8080Aを使ったシングルボードコンピュータのキットTK-80を発売しました。この手のコンピュータはインテルも発売していますが、使い勝手が違います。TK-80は、7セグメントLEDと電卓風のキーとモニタプログラムが入ったROMを備え、あと電源だけ何とかすれば、単体で動かせる形になっています。

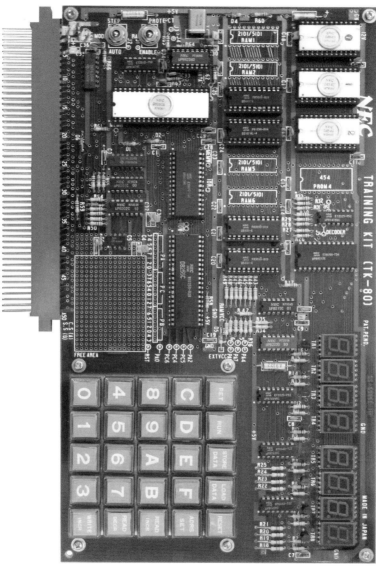

↥1976年8月に日本電気が発売したTK-80

Photo by Akakage

販売の対象は電子機器のメーカーの技術者と想定されました。価格は課長級の権限で決済できるように10万円を切って88500円と決まりました。日本電気の販売部門は得意先を回ってTK-80で学ぶことを勧めました。取り引きのないメーカーから斬新な使いかたが生まれるかもしれないので、並行して秋葉原(東京)と日本橋(大阪)の電気街にも流しました。

　TK-80はたいへん評判がよく、最初に用意した300台はすぐに捌けて、以降、毎月1800台のペースで出荷されました。1977年12月には価格を67000円に下げたTK-80Eが発売されました。TK-80EはμPD8080AFを採用し、周辺ICやメモリを安価な製品に置き換えていますが、基本的な機能は同じです。このふたつで、最終的に約4万台が売れたとされます。

　こうした努力が実り、日本でも徐々に8080が浸透していきました。先行したアメリカの事例から、電話交換機、金型加工機、工業用ミシン、自動販売機、キャッシュレジスタなどに使われることは予想が付きました。まったく意外だったのは、アーケードゲーム機のメーカー、タイトーがスペースインベーダーを作り、前代未聞の大ヒットをさせたことでした。

⬆1977年12月に日本電気が発売したTK-80E

⬆タイトーのスペースインベーダーに取り付けられた8080（三菱電機の同等品）

　スペースインベーダーは1978年7月に出荷が始まり、アップライト型がゲームセンター、テーブル型が喫茶店に置かれました。これがたちまち人気を博し、パチンコ店がガラ空きになったり、政府が100円玉の流通を倍増させたりする騒動に発展しました。大勢の人たちが一心不乱に宇宙の侵略者と闘う姿は、当時の世相として、よく新聞に掲載されました。

スペースインベーダーの販売台数は明らかでありませんが、8080の応用製品で、おそらく史上最高だと思います。スペースインベーダーの部品表にあるICの型番は半導体業界で「インベーダー銘柄」と呼ばれ、丸2年に渡って品不足が続きました。買い占めてひと儲けを企む仲介人が暗躍し、半導体の歴史でこのとき1回限り、ICの流通価格が上がりました。

⊕ コンピュータの街へと変貌を遂げた秋葉原

　東京のJR秋葉原駅周辺は歴史の長さと店舗数で世界に知られる電気街です。千代田区編纂の区史によれば、第二次世界大戦のあと進駐軍が放出した電子部品を露店で販売したことが始まりとされています。当時、主要駅周辺はどこでも露店が出て、普通は食料や衣類を販売しましたが、秋葉原は近くに大学がたくさんあって電子部品が売れたのだそうです。

　区史にこんな記述があります。「理工学系の学生は毎年3月に使い古した教科書を神保町の古書店に売り、秋葉原で部品を買い、ラジオを作って電器店に卸しました」。秋葉原に「ラジオ〜」と名の付く店舗や建物が多いのはその名残です。鉛筆を入れても筆箱、靴をしまっても下駄箱というように、東京の下町では電子工作を全部まとめてラジオと呼びます。

　秋葉原の売りものは時代の流れにしたがい、ラジオ、家電、テレビ、アマチュア無線、オーディオと変化しました。次にコンピュータがくるのですが、アメリカでAltairやIMSAIが発売されてもなおしばらくはオーディオの人気が続き、輸入されるのはMcIntoshやMarantzのアンプでした。コンピュータを取り扱うのはTK-80の発売からあとのことです。

　秋葉原のラジオ会館に店舗があった日本電子販売は、ビットインというショールーム兼サービスセンターのようなものを開設し、TK-80を販売するとともに日本電気と協力して技術的な相談に応じました。本来は電子機器の技術者に来てほしかったのだと思いますが、ここへホビイストたちが押し掛け、趣味の対象として相当な数が売れたようです。

⬆JR秋葉原駅（右下）と周辺の電気街

Image Ⓒ 2017 Google

　「爆発的に売れた」とまでいう文献がありますが、それはたぶん前年同期比でしょう。出荷の総量が毎月1800台で、ホビイストが買ったのはその一部ですから、驚くほどの台数にはなりません。だとしても、ホビイストがコンピュータを買うという事実を証明するのには十分な数字でした。以降、秋葉原は徐々にコンピュータの街へと姿をかえていきます。

⬆日本のパソコン発祥の地とされる秋葉原のラジオ会館

　その後の秋葉原はアメリカの2年分の経緯がまとめてドサッとやってきたような感じになりました。JR（当時は国鉄）秋葉原駅の構内にあったショーウィンドウにはTTLで組み立てた武骨なシングルボードコンピュータと流麗な外観をもつApple IIが一緒に並びました。そうかと思うと電気街の外れのほうのお店でAltairやIMSAIが売られていました。

　当時の為替レートは1ドル300円前後で推移しており、アメリカ製のコンピュータは平均的な日本人にとって高嶺の花でした。その上、既存のお店は仕入れのルートがなく、唐突に現れた馴染みの薄いお店が販売していて、何とはなしに大金を投じることが躊躇されました。売れたとすれば、ホビイストではなく大学か企業が買ったのだと思います。

こうした雰囲気は日本製のパソコンが発売されていくぶんかわりました。1978年に日立製作所のベーシックマスターとシャープのMZ-80K、1979年に日本電気のPC-8001が登場し、普通の人が入りやすい中堅の量販店に並びました。いずれも一式20万円くらいで、まだ安くはありませんが、精一杯の無理をして買うホビイストの姿がよく見られました。

　ちなみに、ベーシックマスターのマイクロプロセッサはMC6800の同等品、MZ-80KとPC-8001はZ80の同等品です。日本のメーカーがパソコンを作ろうと考えたとき、8080はもう半導体業界で旧式な部類の製品でした。したがって、日本製のパソコンで8080を採用した例はありません。日本における8080の流行は、遅れて始まり、瞬く間に過ぎ去りました。

　ラジオ会館のビットインはTK-80の発売から丸5年を経過した2001年8月、ついに閉鎖されました。ビットインがあった7階ホール壁面には「パーソナルコンピュータ発祥の地」のプレートが掲げられました。そのプレートも、2014年、ラジオ会館の改築にともなって撤去されました。だとしても、ここが日本のパソコン発祥の地だという事実はかわりません。

⊕ 初期のマイクロプロセッサに取り組んだオタク

　秋葉原の上得意は電気街が成立して以来ずっと電子工作の部品を探しにやってくる、いわゆる「オタク」です。オタクは大きな括りでいうとホビイストですが、初期のまだ高価なコンピュータを買った人たちとは明確に区別されます。オタクにとって電子機器は作るものであり、もし無理だとしても、高価な製品を正札で買うことは行動規範に反するのです。

　TK-80の発売は多くのオタクを刺激したものの、買っていい価格の上限を超えていました。かといって自作するにはマイクロプロセッサが高すぎました。気合の入ったオタクはジャンク店で使えそうな部品を探し、運のいい人はアメリカで廃棄された傷だらけの8080と出会いました。しばらくたつと、研修の役割を終えたTK-80が二束三文で出回りました。

日本のオタクはアメリカのホビイストほど開けっ広げではなく、当時、見ず知らずの人が100人も集まるようなコンピュータクラブはありませんでした。そのかわり、電子工作の雑誌がオタクたちの交流を仲介しました。誰かがコンピュータを作ったといって投稿し、その記事が新しい投稿を誘う、そんな繰り返しの中で、オタクは腕を磨いていったのです。

　調べてみると日本の雑誌は8080が誕生する前にもうTTLで構成した凄いコンピュータの記事を組んでいます。たとえば、1973年の『トランジスタ技術』（CQ出版）は富崎新のATOM-8、1974年の『ラジオの製作』（電波新聞社）は鳥光広志のREAC-8、少しあとになりますが、1977年の『電波科学』（日本放送出版協会）は根飛雄太のEASY-4を連載しました。

　そのEASY-4の記事にこんな一文があります。「最近では、ワンチップCPUといって100個ほどのICを1つのLSIとしてまとめたマイクロコンピュータが数千円で秋葉原に出廻っています」。たぶん8080のことです。このころから自作のコンピュータがマイクロプロセッサを採用し始めます。それ以前の記事は、ほとんどの読者が理解できなかったと思います。

⬆『電波科学』1977年1月号に掲載されたEASY-4の記事

↑『マイ・コンピュータ入門』(左)と『私だけのマイコン設計&製作』(右)

　マイクロプロセッサの学術的な解説は、よく共立出版の雑誌『ビット』に掲載されました。入門者向けでは、安田寿明の『マイ・コンピュータ入門』(講談社)が、4004と8008を使ったコンピュータの製作過程を紹介しました。当時の最先端は松本吉彦の『私だけのマイコン設計&製作』(CQ出版)で、MC6800と8080の動かしかたをとても丁寧に解説しています。
　これらの出版物が発行された1977年、すでにZ80が存在しましたが、題材となったのは自作派の予算で買えるMC6800か8080か、それ以前の製品です。当時、最新の型番にこだわったのはパソコンくらいのもので、自作派は価格との兼ね合いでマイクロプロセッサを評価しました。スペースインベーダーが8080で設計されたのも、ちょうどこのころです。

秋葉原にマイクロプロセッサが出回るタイミングはメーカーの出荷から数年遅れ、4004と8008は不明、8080は1977年ごろ、8085とZ80は1979年ごろです。いずれも当初は8000円前後しており、実際に売れるのは価格がこなれた古いほうの製品です。ただし、1980年ごろZ80が850円前後まで値を下げると、それ以前の製品は選ばれる理由がなくなりました。

　やがて8080は秋葉原から姿を消します。しかし、それがいつごろのことかは明確でありません。部品店でさえ記憶にないといいます。見かたをかえれば、8080が秋葉原で完全に売り切れたという確かな証拠はないのです。部品店によっては現在も店頭にMC6800や8085やZ80を並べており、その倉庫の片隅で、人知れず8080が眠っているかもしれません。

⊕ 日本電気のμPD8080Aと出会う

　本書の執筆にあたっては、足の踏み場がなくなるほどたくさんの資料を集め、年季の入ったホビイストのみなさんに当時の話を伺いました。加えて、もし実物の8080がまだ存在し、うまいこと入手できたなら、とても素晴らしいことです。それ自体が愉快な話題ですし、コンピュータを作って当時のホビイストの苦労と喜びを追体験することができます。

　現在の秋葉原で1970年代のICを得意とする部品店はラジオデパートの2階に店舗を構えるサンエレクトロと光南電気です。店員さんに8080があるかどうかを尋ねたところ、いずれも「ありません」という返事でした。これは念のための確認で、ないことは織り込み済みです。これらの部品店が8080を売っていたら、日常の会話で小耳に挟んでいるはずです。

　8080が見付かるとすれば1970年代から営業を続ける一見普通の部品店で、ひとつ付け加えると在庫管理が大らかなところです。秋月電子通商（旧社名は信越電機商会）と千石電商は申し分のない社歴を持ちますが、残念ながら在庫管理がしっかりしています。通販サイトに8080が掲載されていない以上、倉庫を探したとしても見付かりそうにありません。

⬆ラジオ会館の5階にある若松通商の店舗

　期待が持てるのは若松通商です。こういう紹介のしかたは語弊があると思うので、あらかじめ断っておきます。若松通商はとても素敵な部品店で、過去に希少な部品を必要とした際、幾度となく店員さんの親切な対応に助けられました。レジにPOS端末がある部品店と比べたら仕事ぶりが大雑把な印象でしょうが、それこそが秋葉原の伝統的な姿なのです。
　若松通商は1976年に半導体専門店としてラジオ会館に開店しました。同社のホームページには「エド・ロバーツ」や「Altair」などの単語を散りばめた、まるで本書のような会社概要が掲載されています。同社の姿勢はハタ目に見てイケイケで、時流に任せ、店舗を増やしたり減らしたりしました。たぶんそのせいで、在庫管理がやや混乱をきたしています。

若松通商の通販サイトは、「半導体・IC」の項目に限り、メーカーや機能による分類が正確さを欠き、目的の部品を見付けるのがひと苦労です。その上、ここ何年も品揃えと在庫数の更新がなく、残り1個というような部品が本当に1個あるのかどうかはわかりません。ここで8080を探すことは徒労に終わるかもしれないので、ラジオ会館の店舗へ出向きました。

　若松通商で店員さんに8080の在庫を尋ねると、しばらく思案したあと「ありません」という返事でした。半分はあることを期待しましたが、あと半分で予想した結果です。想像するところ、店員さんにとって8080がないことは即答してもいいくらいの常識だったようです。素人臭い客のヘンな質問に、角の立たない答えかたを思案してくれたのでしょう。

　この状況でまだ諦めずに頑張るとすれば方法はひとつです。最後の望みを託して若松通商の通販サイトを調べました。「半導体・IC」の項目は商品の説明なしに型番だけが並んでいます。始めはうんざりしましたが、次第に面白くなりました。ここは、数字の並びを見て機能がわかる人しか立ち入らないせいで、創業以来の売れ残りが堆積した宝の山なのです。

　丸1日、見て回ると、インテルの8080こそ見付からなかったものの、日本電気のμPD8080Aがありました。ただし、表示された在庫数がアテにならなくて、本当はないかもしれません。また、μPD8080Aはインテルの8080と完全に同等ではないとされており、非互換部分が許容範囲にあるかどうかを確認する必要があります。まだ、喜ぶわけにはいきません。

　μPD8080Aは日本の製品でいうと、TK-80に採用されたことが知られています。かつてはアメリカに輸出され、IMSAIの一部のロットに採用されました。そのIMSAIはインテルの8080を採用したロットと細部の動作が異なりました。やがてはAltairの互換機を名乗る資格にも疑義が生じ、とうとうIMSアソシエイツが釈明を迫られる事態に至りました。

　IMSアソシエイツは『ドクタードブズジャーナル』1976年9/10月号でμPD8080Aの非互換部分を公表しました。その内容は16項目に及びますが、大半は些細な話であり、要点は、一部の命令で実行時間が違うのと、μPD8080Aのほうがマメにフラグを立てるというくらいです。不利な情報を並べ立て、逆に大丈夫そうだと思わせる、見事な顧客対応でした。

contact with Mr. Bruce Hollo-
confirmed that strange things
AI 8080, he researched the
lowing: (my interpretation

 NEC 8080A chip instead of an
a confidential letter to IMSAI
tween their chip and Intel's.
tated as being software compat-
es are: (1) Flag bit-3 is always
a subtract-type operations, and
tions; (3) The CY (carry) and
 now properly set for both adds
The DAA (decimal adjust) opera-
owing either an add *or* a subtract
C FLAG IS NO LONGER
PERATIONS. Additionally,
are also some "minor" hardware
h data on the same bus not being
with the Intel chip (I wonder
use?).
informed Bruce that the fact that
ans that software written for an
n the NEC chip. For example:

e AC to be set
ed to clear AC and CY
sult in '00' but produced '06'
 chip!!

d with me since he has written
function properly with the NEC
e that this incompatibility was

st three days, I have uncovered an
at is, for all purposes, as *incom-*
s is the Z-80: programs can be
y on the Intel 8080A, but will
80A, and vice-versa.
Intel 8080A IMSAI will be ship-
sturbs me is not the imcompatibil-
rmed. I don't believe that NEC
e "compatible", but I abhor the
ng these differences was labeled
eleased to the end user of their

y save some people untold hours
oesn't work because of the NEC
d refrain from using such incom-
s, and will exchange customers'

b's Journal of Computer Calisthenics & Orthodontia, Box E, Menlo Park, CA 94025

Thank you for your cooperation.
Very truly yours,
IMS ASSOCIATES, INC.
Marvin Walker
General Manager

14860 Wicks Blvd.
San Leandro, CA 94577
(415) 483-2093

SUMMARY OF DIFFERENCES BETWEEN I8080A AND uPD8080A

1. During an interrupt, an RST or CALL instruction is accepted by both processors. With the uPD8080A during M2 and M3 of a CALL instruction, the INTA status signal remains active. The I8080A re-quires the use of an 8228 to generate INTA by decoding 02H (all status inactive). Both I8080A and uPD8080A work correctly with Intel and NEC 8228/38.
2. Interrupt during HALT state, with the uPD8080A INTE is reset at T2.02 of the next clock period following the sampling of INT, as opposed to the I8080A where INTE is reset at M1.T1.02 of the interrupt instruction fetch.
3. Instruction Execution Times: All instruction execution times are the same except the following, which require the listed number of T (clock) states assuming no wait cycles.

	I8080A	uPD8080A
MOV r,r	5	4
RET	10	11
DAD	10	11
XTHL	18	17
SPHL	5	4

4. Data on Address Bus during M1, T4 and T5 with uPD8080A is the same as during T1-T3. With the I8080A, the Address Bus is unde-fined during T4 and T5.
5. Subtraction is performed as a direct binary operation in the uPD8080A and the carry, Auxiliary Carry and subtract flags are properly set to indicate the subtract operation and borrows from each four bit nibble for use with the DAA instruction.
6. DAA instruction works correctly, directly following both addition and subtraction operations with uPD8080A, while I8080A BCD subtraction must be performed by a sequence of additions and subtractions.
With uPD8080A, three flags, Carry, Auxilliary Carry and SUB, are used for DAA operation, both for addition and subtraction (see Section 8). Carry and Auxiliary Carry are properly set to indicate borrows/carries from each four bit nibble for use with the DAA instruction. SUB flag is used to determine whether required DAA is for addition or subtraction. BCD arithmetic programs written to run on I8080A will also run on uPD8080A *unless the operations ORA, XRA, ORI, XRI, INR, DCR or DAA are depended on to affect the AC flag. Also see Section 7.*
7. Flag Registers for I8080A and uPD8080A are as follows:

	D_0	D_1	D_2	D_3	D_4	D_5	D_6	D_7
I8080A	C	1	P	0	AC	0	Z	S
uPD8080A	C	1	P		AC	SUB	Z	S

Note that if the flag byte is pushed on the stack to be used as a byte in any operation such as a compare, that the value will be different for the I8080A and the uPD8080A.
8. All flags are set the same for I8080A and uPD8080A except as noted.
A. Number of Flags:
I8080A: Five flags
   Zero, Carry, Sign, Parity and Auxiliary Carry
uPD8080A: Six flags
   SUB is sixth flag (subtract)

We suggest the use of a SUB A to clear the AC and Flags, since the common XRA A does not clear the AC flag on the uPD8080A.

Nov./Dec., 1976

⬆若松通商の通販サイトで入手した日本電気のμPD8080A

　μPD8080Aはインテルの8080のかわりに使えそうです。また、通販サイトに表示された在庫数が本当かどうかは注文すればわかります。いちかばちか2個を注文してみると、あっさり「注文を承りました」と連絡が入り、5日後、ロット番号がふたつ揃った新品のμPD8080Aが届きました。こうして、「資料の文面」だった8080と現実の世界で出会ったのです。

若松通商の8080は、これが最後の2個かもしれません。確実に入手したい人は海外の通販サイトかネットオークションサイトをあたってください。たとえば、eBayにはインテルを含む各社の8080が多数出品されていて、まだしばらくはもちそうです。国内の8080は絶滅危惧種です。英語が苦手な人のために、乱獲を控えていただければありがたく思います。

⊕ 日本電気のμPB8224CとμPB8238Cを入手する

　8080の機能仕様はインテルの『8080 Microcomputer Systems User's Manual』で調べました。動かしかたはAltairとTK-80の回路図から学びました。これらの資料は、インターネットを検索すると見付かります。また、古書店で『私だけのマイコン設計＆製作』が入手できました。そこに掲載されている8080のコンピュータ、MYCOM-8も参考になりました。

　厄介なことに8080で正直にコンピュータを設計すると、8008ほどではないにしろ、結構な数のTTLを必要とします。振り返って理想論をいえば、その回路はダイがひとまわり大きくなったとしても、始めから組み込んでおくべきでした。当時のインテルは、顧客の技術力に甘え、徹底的には頑張らないで、マイクロプロセッサの一番乗りを果たしたのです。

　8080の厄介なところは、半年後、次に述べるふたつの専用ICによって解消されました。クロックジェネレータ8224は、クロックを生成するとともにリセットやレディなどクロックがらみの信号を出力します。システムコントローラ8228/8238は、時分割バスによる信号のやり取りを適宜適切に実行します。こうして、きちんと後始末がされました。

　Altairはふたつの専用ICが登場するより前の設計なので、外付け回路をTTLで構成しています。MYCOM-8は8224とTTLの組み合わせです。TK-80は8224と8228を採用してスッキリまとめてあります。これらの回路を見比べると、ふたつの専用ICは、ぜひ入手したい気持ちになります。そこで、再度、秋葉原の部品店でガサ入れをやることにしました。

⬆ラジオデパートの2階にあるサンエレクトロの店舗

　例によって、まずは1970年代のICを得意とするサンエレクトロで取り扱いを確認すると、早速、クロックジェネレータ8224が見付かりました。日本電気のμPB8224Cですが、これはインテルの製品と完全に同等で、まったく問題がありません。むしろ、μPD8080Aと組み合わせたときマーキングにあしらわれたロゴが揃って気持ちがいいくらいです。

　8224は水晶振動子の周波数を9分割して所定の波形を作ります。8080のクロックは最高2MHzですから、8224に18MHzの水晶振動子をつなぎます。水晶振動子はありふれた部品ですが、18MHzは需要があまりないらしく、取り扱っている部品店が限られ、意外と入手が困難です。サンエレクトロに18MHzの水晶振動子があったので、併せて購入しました。

⬆日本電気のμPB8224C（左）と18MHzの水晶振動子（右）

　システムコントローラ8228/8238は、サンエレクトロでは取り扱っていません。光南電気を確認しましたが、やはり、ありませんでした。若松通商へ行って店員さんに尋ねると、何かしら心当たりがあったのか、在庫を調べてくれましたが、結局、ダメでした。最後の望みを託して若松通商の通販サイトを調べてみたものの、2度めの奇跡は起きませんでした。
　誠に残念なことですが、秋葉原の8228/8238は、もう絶滅してしまいました。ほかに1970年代のICを取り扱っているお店はなかったかなぁと考えて、丹青通商を思い出しました。以前は秋葉原の雑居ビルにあって、並みの神経では立ち寄りがたい、怪しい雰囲気を放っていたジャンク店です。現在は秋葉原から電車で30分ほど離れた町屋で営業しています。
　インターネットを検索すると通販サイトが開設されていて、その中に日本電気のμPB8238Cがありました。これはインテルの8238と置き換えが利く完全な同等品です。8228と比べると一部の制御信号が2クロック分、早く出ます。普通、8238のほうが有利です。インテルが販売している評価用のシングルボードコンピュータSBC80は8238を使っています。

⬆東京の町屋（住居表示は荒川区荒川）にある丹青通商の店舗

　何という幸運でしょう。秋葉原で絶滅した8238が、町屋で生き残っていたのです。通販サイトで［カートに入れる］ボタンをクリックすれば、数日後、実物と出会うことができます。しかし、数日間、実物と出会うことができません。居ても立ってもいられなくなって、町屋の店舗へ出掛けました。すぐあとにわかることですが、これが、とんだ早とちりでした。
　丹青通商は看板に「電子部品」と表示しているにもかかわらず、電子部品の陳列が一切ありません。人ひとり何とかとおれる程度の間隔で書架が並び、日に焼けた小説や理工学書がぎっしりと詰まっています。ここは誰の目にも明白な古書店です。おかげで「ICの型番をメモして古書店にやってきたそそっかしいやつ」みたいな状況に置かれてしまいました。

店内の一画に未整理らしき書籍が山積みされた場所があり、よく見ると店主が埋もれています。書籍の山越しに事情を話すと、どこかへ電話をしてくれて、別の店員さんが μPB8238C を持ってきました。さながらヤバい取り引きです。何はともあれ、こうして8080まわりの一式が揃いました。まだ妙な緊張感に包まれていて、感動に浸る余裕がありません。

　店主によれば、正しい売りかたというものを決めていないので、これが間違った買いかたとはいえないそうですが、行き違いで売り切れる恐れがあるため、電話で予約をするか、できれば通販サイトを利用してほしいとのことです。実際、丹青通商でもし必要な部品が買えなかったら、あたり一帯、自作派のホビイストが楽しく過ごせる場所はありません。

　丹青通商から帰って通販サイトを見ると、8238が削除されています。不本意ながら、町屋の8238を絶滅させてしまいました。これでもう国内に8238はありません。入手したい人は海外の通販サイトかネットオークションサイトをあたってください。たとえば、eBayにはインテルを含む各社の8228/8238が多数出品されていて、まだしばらくはもちそうです。

◑日本電気の μPB8238C

8080をコンピュータとして動かすには、さらにメモリと入出力のインタフェースが必要です。これらのICは、8080が現役を退いたあとも次のマイクロプロセッサで使われ、8086/8088あたりまで引き継がれました。半導体のメーカーが長く生産を続けたので、今もって秋葉原から姿を消す気配はありません。必要なとき、必要なものを買えばいいと思います。

[第2章]
伝説の
ハードウェア

1 CPUボードの製作

[第2章]
伝説のハードウェア

⊕ 現在の便利な技術を利用して8080を動かす

　現在のマイクロプロセッサは中身が複雑すぎて、もはやいつどう動くのかを予測できません。外付け回路を独自に設計することは困難なので、もっぱらお仕着せのチップセットと組み合わせて動かします。データシートにはチップセットを選択する上で必要な構成図が掲載され、論理図や回路図はなく、技術者の仕事といえば、せいぜい熱設計くらいです。

　一方、8080の中身は原始的で、データシートも過剰なほど具体的です。技術者が真摯に読み込めば、それまでコンピュータに縁がなかったとしても、魔法で動いているのではないと理解するでしょう。構造がわかれば、動作を予測することは比較的簡単です。4800枚のドミノを並べた状態で端の1枚を倒したあとに起きることを想像するくらいの感じです。

　一般的な電子回路の知識は身に着けていなければなりません。8080の電気的特性は現在の感覚でいうとアナログICです。電源電圧は5Vのほかに12Vと-5Vが必要です。クロックは9V以上と規定されています。信号はいわゆるTTLレベルよりやや厳しく、無造作にTTLを接続したら誤動作します。ですから、デジタル一辺倒の技術者だとお手上げです。

　もっとも、「デジタル一辺倒」はマイクロプロセッサが普及したことで生まれた新しい職域です。1970年代の技術者は、ホビイストを含め、イケる実感を持ったはずです。それが現実になる過程を知りたいのですが、詳しい情報が得られません。ちょうど手もとに実物の8080と「一般的な電子回路の知識」の持ち合わせがあるので、これで追体験をしてみます。

SILICON GATE MOS 8080A

ABSOLUTE MAXIMUM RATINGS*

Temperature Under Bias .... 0°C to +70°C
Storage Temperature .... -65°C to +150°C
All Input or Output Voltages
  With Respect to V_{BB} .... -0.3V to +20V
V_{CC}, V_{DD} and V_{SS} With Respect to V_{BB} -0.3V to +20V
Power Dissipation 1.5W

*COMMENT: Stresses above those
mum Ratings" may cause perm
This is a stress rating only and f
vice at these or any other condit
the operational sections of this sp
posure to absolute maximum ra
periods may affect device reliabili

D.C. CHARACTERISTICS

$T_A = 0°C$ to $70°C$, $V_{DD} = +12V \pm 5\%$, $V_{CC} = +5V \pm 5\%$, $V_{BB} = -5V \pm 5\%$, $V_{SS} = 0V$, Unless Otherw

Symbol	Parameter	Min.	Typ.	Max.	Unit	
V_{ILC}	Clock Input Low Voltage	$V_{SS}-1$		$V_{SS}+0.8$	V	
V_{IHC}	Clock Input High Voltage	9.0		$V_{DD}+1$	V	
V_{IL}	Input Low Voltage	$V_{SS}-1$		$V_{SS}+0.8$	V	
V_{IH}	Input High Voltage	3.3		$V_{CC}+1$	V	
V_{OL}	Output Low Voltage			0.45	V	$I_{OL} = 1$
V_{OH}	Output High Voltage	3.7			V	$I_{OH} = -$
$I_{DD(AV)}$	Avg. Power Supply Current (V_{DD})		40	70	mA	Operati
$I_{CC(AV)}$	Avg. Power Supply Current (V_{CC})		60	80	mA	$T_{CY} =$
$I_{BB(AV)}$	Avg. Power Supply Current (V_{BB})		.01	1	mA	
I_{IL}	Input Leakage			±10	μA	$V_{SS} \leq V$
I_{CL}	Clock Leakage			±10	μA	$V_{SS} \leq V$
I_{DL} [2]	Data Bus Leakage in Input Mode			-100 -2.0	μA mA	$V_{SS} \leq V_I$ $V_{SS}+0.8$
I_{FL}	Address and Data Bus Leakage During HOLD			+10 -100	μA	V_{ADDR} V_{ADDR}

CAPACITANCE

$T_A = 25°C$ $V_{CC} = V_{DD} = V_{SS} = 0V$, $V_{BB} = -5V$

Symbol	Parameter	Typ.	Max.	Unit	Test Condition
C_ϕ	Clock Capacitance	17	25	pf	$f_c = 1$ MHz
C_{IN}	Input Capacitance	6	10	pf	Unmeasured Pins
C_{OUT}	Output Capacitance	10	20	pf	Returned to V_{SS}

NOTES:
1. The RESET signal must be active for a minimum of 3 clock cycles.
2. When DBIN is high and $V_{IN} > V_{IH}$ an internal active pull up will be switched onto the Data Bus.
3. ΔI supply / $\Delta T_A = -0.45\%/°C$.

🔴8080の電気的特性(ユーザーズマニュアルから当該部分を転載)

CHAPTER●1—CPUボードの製作

集めた資料にAltairとTK-80の回路図があることは善し悪しです。合理性を追求すればよく似た回路になるでしょうが、そっくりだと設計の工程を追体験したことに疑義が生じます。合理性を追及してもそっくりにはならないように、時代考証を外します。たとえば、8080がUSBでパソコンとつながったとしても、その何だか妙な感じは勘弁してください。

　目標は、必要なことができて、余計なことをしないコンピュータです。8080の基本的な動作はひととおり見てみたいのですが、機能を欲張ると失敗の要因を増やします。取捨選択の目安をいえば、能率的な入出力を実現するために割り込みは必要、デバッグ用のシングルステップ動作は不要です。デバッグ用の回路でバグが発生したらシャレになりません。

⊕ 主電源の5VをACアダプタからとる

　8080は初期の素朴なNMOSで製造されています。初期のNMOSは、その前のPMOSに対して全面的に優れていますが、イオン注入を併用した後期のNMOSに比べると信号の振れ幅がとれません。ですから、信号を0V〜5Vの範囲で振るとしたら、上下により広い電圧で動かすことになります。8080が5Vのほかに12Vと-5Vを必要とするのはそのためです。

　初期のNMOSは8080と少数のメモリを製造したところで引退しました。大半のメモリと周辺ICは後期のNMOSかCMOSで製造され、5Vだけで動作します。したがって、5Vのほかに12Vと-5Vを必要とするのは8080と近辺のICに限られます。12Vと-5Vの電源を乗せたCPUボードを作り、うまいこと動かしたら、あとは平凡なコンピュータの設計です。

　Altairは8080が登場してすぐ設計に取り掛かったので、あとに続くメモリや周辺ICが5Vだけで動作することを知りません。既存のICと同様に将来のICも、それぞれが電源に勝手な電圧を要求するだろうと推測されました。そこで、スロットへ8Vと18Vと-18V（製造時期により多少の違いがあります）を流し、各ボードで個別に必要な電圧を作っています。

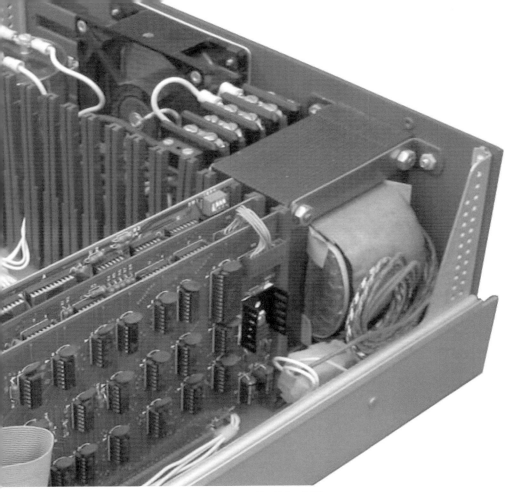

⬆Altairの電源付近（18Aの容量を持つ後期の製品）

　その上、Altairの時代はまだスイッチング電源が一般的でなかったようです。各ボードには放熱器が付いたいかにも電力効率の悪そうな3端子レギュレータが乗っています。こういうものがスロットに並んでも耐えられるよう、本体の電源は、重量級のトランスと電解コンデンサ、パワートランジスタを使った平滑回路、冷却用のファンで構成されます。

Altairの設計でそういう苦労をした技術者には後ろめたい気持ちになりますが、時代考証を外していいことに決めたので、現在の便利な技術を利用します。12Vは主電源の5Vを昇圧して作り、-5Vは同5Vを反転して作ります。いずれも一種のスイッチング電源で、電源トランスを省略できますし、電力効率も大きく上がり、回路が劇的に小型化します。

　検討を要するのは、主電源の5Vです。5Vは全部のICにつながるので、コンピュータの構成によって負荷が大きく異なります。最大の構成に対応した電源は、最小の構成にとって大袈裟です。そこで、5Vは外部から供給することにして、電源回路のかわりにDCジャックを取り付けます。そこへ、コンピュータの構成に見合ったACアダプタをつなぎます。

❶試作の段階で使用したACアダプタGF12-US0520

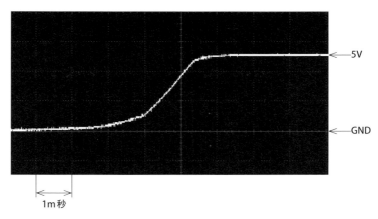

🔼GF12-US0520の立ち上がり特性（負荷1A）

　現在のマイコンで電子工作をやっている人は1970年代のICがとんでもなく大きな電流を消費することに留意してください。たとえば、CPUボードとROMとRAMと端末のインタフェースで構成されるとても簡素なコンピュータが、ざっと1Aの電流を消費します。主電源は5V/2Aまたはそれ以上の電流に耐えるACアダプタを使う必要があります。

　不思議なことにACアダプタはどこの家庭でもいくつかは余っているものです。その中に5V/2AのACアダプタがあるかもしれませんが、使えるかどうかはわかりません。モノによっては電源コンセントに差し込んだあと、一瞬、5Vを上回る電圧を出力します。主電源をそういうACアダプタからとると、ICに定格を超える電圧が掛かり、壊れてしまいます。

　試作機につないだACアダプタは秋月電子通商で販売しているGF12-US0520です。スイッチング電源を内蔵していて、小型ながら5V/2Aがとれます。念のため、電源コンセントに差し込んだあと電圧が変化する様子をオシロスコープで観測しました。0Vから5Vまで約5m秒かけて緩やかに上昇し、この間、一瞬たりとも5Vを超えることがありません。

主電源の5VをACアダプタからとることは、ある意味、製作の一部を省略した恰好ですが、上手にいえばTK-80の方式です。TK-80は5Vと12Vを外部から供給することになっていて、ACアダプタこそ使われなかったものの、たいていの人は市販のスイッチング電源をつなぎました。そういう部分を省略することは、大目に見てもらえると考えています。

⊕ 主電源の5Vを昇圧して12Vを作る

　12Vは主電源の5Vを昇圧して作ります。負荷の内訳は、8080が最大70mA、クロックジェネレータ8224が最大12mA、システムコントローラ8238の$\overline{\text{INTA}}$のプルアップが約1mAです。合計すると83mAですが、設計上は100mAを目指します。このくらいの電流であれば、電源用ICひとつで作れます。試作機では新日本無線のNJM2360Aを使いました。

　NJM2360Aは、インダクタをスイッチングして発電し、入力に上乗せして高い電圧を出力します。また、その電圧を分圧して基準電圧と比較

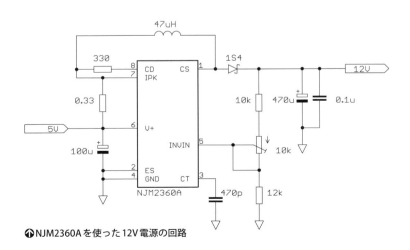

↑NJM2360Aを使った12V電源の回路

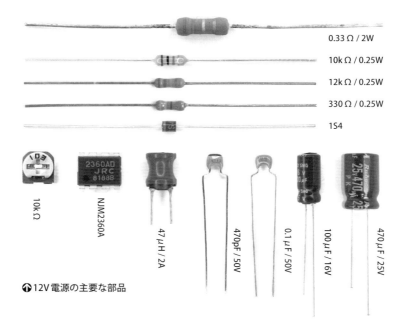

⬆12V電源の主要な部品

し、デューティ比を調整して狙ったところへ収束させます。電圧がデューティ比で調整しきれないほど高いと、随時、スイッチングを停止します。この状態を間欠発振と呼び、できれば避けたほうがいいとされています。

　昇圧のための回路はアプリケーションノートに掲載されていて、工夫の余地がありません。設計の実質的な作業は部品の定数を決めることだけです。定数の決めかたもアプリケーションノートに書いてありますが、雑なグラフで値を読んだり、計算した値に安全性を見込んだりするため、主観が混じります。結局、カンで作り、実測して確認することになります。

　昇圧の動作に大きく影響する部品は、インダクタと、NJM2360AのCTピンにつながるコンデンサです。インダクタは容量が大きいほど高い電圧を発電します。コンデンサは容量が大きいほどスイッチングの周期が延び、周波数が下がります。このふたつを調整することで、電力効率が高く、発熱が低く、また負荷の変動に素早く反応する応答性が得られます。

●コンデンサ1000pF（スイッチング周波数33kHz）、インダクタ47μH

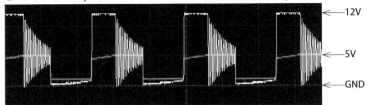

●コンデンサ680pF（スイッチング周波数46kHz）、インダクタ47μH

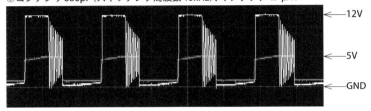

●コンデンサ470pF（スイッチング周波数62kHz）、インダクタ47μH

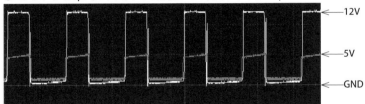

●コンデンサ470pF（スイッチング周波数62kHz）、インダクタ100μH

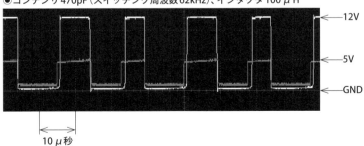

10μ秒

⬆12V電源（負荷100mA）のCDピン（グレー）と発電（白）の波形

昇圧の理想は発電した電圧をちょうど放出し切ったところで次の発電を始めることです。もし電圧を放出している最中に次の発電を始めたら最悪で、電力効率をひどく下げます。逆に、電圧を放出したあと次の発電まで間が空くことは、出力を小刻みに揺らしますが、最悪ではありません。この状態から、オシロスコープで波形を観測し、理想に近付けました。

　部品の定数は負荷の最大値(100mA)で理想の昇圧をする(発電と放出の期間が1周期を埋める)ように決め、その状態で電圧を12Vに調整しました。実際の負荷はもっと小さい標準値(55mA)でしょう。負荷を減らして実測すると電圧は広い範囲で12Vを維持しますが、ときどき間欠発振を生じています。いいも悪いも、これを防ぐ方法はありません。

●電流-電圧特性

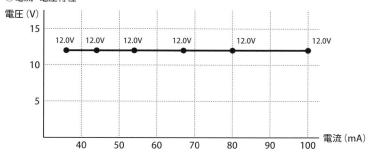

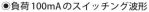

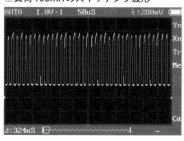
●負荷100mAのスイッチング波形

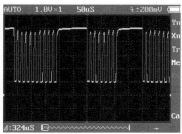
●負荷55mAのスイッチング波形

⤴12V電源で負荷をかえた場合の電気的特性

間欠発振は、発電の間隔が長く空くことから出力を揺らしますが、揺れ幅を調べると雑音より小さく、事実上、影響がありません。できれば避けたほうがいいとされるのは技術者としての心掛けをいっているのだと思います。むしろ雑音を心配するべきですが、それもICの許容値±0.6Vを遥かに下回っています。12V電源は、これで完成とします。

⊕ 主電源の5Vを反転して−5Vを作る

　-5Vは主電源の5Vを反転して作ります。負荷は8080のみで、電流は最大1mAです。小さな負荷なので、スイッチトキャパシタという方式を使います。入力電圧と出力電圧の絶対値が同じ場合、話は簡単です。入力電圧で発振器を動かし、そのクロックの直流成分をカットして立ち下がりを抽出し、コンデンサで平滑すれば、反転した出力電圧が得られます。

　TK-80はクロックジェネレータ8224が出力する素のクロック（OSC出力）を利用して素晴らしく簡単に-5Vを作っています。この方法は、負荷が標準値(0.01mA)の前後であれば大丈夫ですが、最大のとき-5Vを維持できるかどうか疑問があります。試してみようにも、まだ8224を動かす自信がありません。冒険を避けて、反転専用ICを使うことにしました。

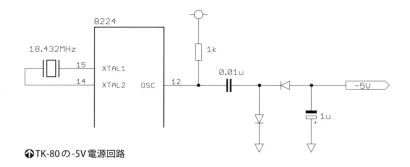

⬆TK-80の-5V電源回路

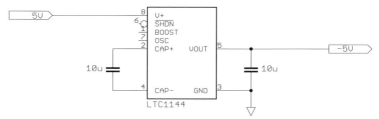

⬆LTC1144を使った-5V電源の回路

　試作機ではリニアテクノロジーのLTC1144を使いました。LTC1144はスイッチキャパシタにより正の電圧を反転して絶対値が等しい負の電圧を作ります。つまり、5Vを入力すれば-5Vが出力されます。オプションで、発振器の周波数をかえたりシャットダウンして消費電力を抑えたりすることができますが、通常、普通に動かして部品点数を減らします。

　オプションを使わない場合、外付け部品は10μFのコンデンサが2本だけです。TK-80の時代、この容量は電解コンデンサかタンタルコンデンサでなければ実現できませんでした。現在は積層セラミックコンデンサが使えます。積層セラミックコンデンサは、応答性に優れ、雑音が少なく、スイッチキャパシタにとって理想的な電気的特性を備えます。

LTC1144　　　　　　　　　　　　　10μF/50V×2本

⬆-5V電源の主要な部品

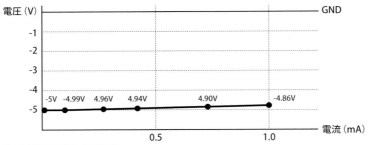

▲ -5V電源の電流-電圧特性

　スイッチトキャパシタは電圧を狙ったところへ収束させる仕組みがありません。LTC1144の電圧は出たとこ勝負であり、負荷の大きさに応じて変動します。実測すると負荷が0.01mAで-5V、それ以上だと徐々に上昇し、1mAで-4.86Vでした。理想的ではありませんが、許容値が±0.25Vなので、まだいくぶん余裕があります。-5V電源は、これで完成とします。

⊕ 8080と8224と8238を組み合わせる

　8080はごく普通に動かすだけでもやや込み入った外付け回路を必要とします。見かたによっては内部の構造の一部が欠けているともいえます。その部分は8080の発売から半年後、クロックジェネレータ8224とシステムコントローラ8228/8238によって補填されました。ちなみに、もう2年後、全部の回路を内蔵したマイクロプロセッサ8085が発売されます。

　Altairは8224と8228/8238が登場する前の設計なので、8080の外付け回路をTTLで構成しており、遠目に見た回路図はまるで綴れ織りです。それでも、8008の外付け回路よりはずっと簡潔です。MITSは当初、8008でコンピュータを作ろうと試行錯誤しました。その経験があって8080の外付け回路をさほど苦にせず、短期間でAltairの設計を完了したのです。

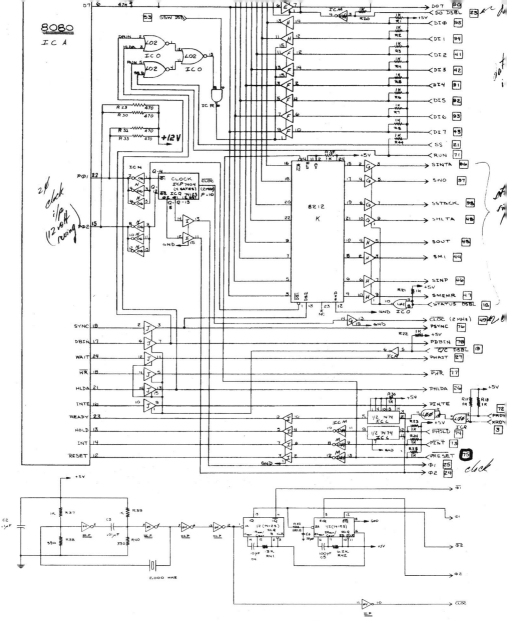

↑Altairの8080まわりの回路（回路図から当該部分を転載）

CHAPTER●1—CPUボードの製作

❶インテルのシングルボードコンピュータSBC80/20に搭載された8224と8238

　8224と8228/8238が発売されてからあと、8080はこれらと組み合わせて使うことが普通になりました。TK-80は8224と8228を使っています。インテルのシングルボードコンピュータSBC80は8224と8238を使っています。こうしてみると、8080に加えて8224と8238が入手できたことは奇跡のような幸運でした。試作機はこの一式で組み立てることにします。

8224と8228/8238の役割は、8080が歴代の製品から受け継いだ一部の古い構造を、表向きわかりやすく見せることです。実際のところ8080は、2相のクロック入力や同期信号出力など、歴代の製品と共通のピンを持ちます。少なくともこれらが関係する動作、すなわち時分割バスで信号をやり取りする手順は、歴代の製品からさほど進歩していないのです。

　8080に8224と8228/8238を組み合わせて、この一式でひとつのマイクロプロセッサと捉えると、使いやすさは8085並みです。その上、8080のアナログICかと思うような電気的特性も、ことさら意識する必要がなくなります。9V以上と規定されたクロックは8224が生成しますし、TTLレベルよりやや厳しい信号電圧は8228/8238がTTLレベルに整えます。

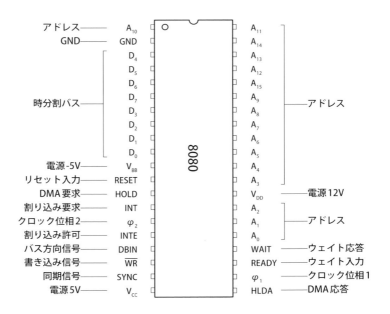

⬆ 8080のピンの働き

⊕ 8224まわりの回路が果たす役割

　クロックジェネレータ8224は、クロックを生成するとともに、クロックがらみの信号を作ります。8224から8080へ出力するのは、2相のクロックφ1とφ2、リセット（RESET）、レディ（READY）です。一方、8080から同期信号（SYNC）を受け取り、時分割バスがステータスを出力するタイミングを判断して、8228/8238へストローブ（$\overline{STSTB}$）を出力します。

　8080が要求するクロックは、周波数が最高2MHz、電圧は最低9Vです。8224はバイポーラで製造されていて、基本的には単一5Vで動作しますが、クロックの電圧を引き上げる必要があり、その部分が12Vを必要とします。クロックの波形も、次に述べるとおり、うるさい規定があります。それを守るため、8224に必要な周波数の9倍の水晶振動子を接続します。

　波形の規定は、順番に、φ1のHの期間が60n秒以上、φ2のHの期間が220n秒以上、両方ともLの期間が70n秒以上です。8224は水晶振動子で生成した源クロックを使って、φ1のHの期間を2発、φ2のHの期間を5発、両方ともLの期間を2発とります。この合計9発が1周期なので、18MHzの水晶振動子を接続した場合、2MHzのクロックが得られます。

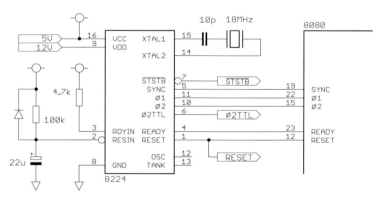

⬆8224まわりの回路

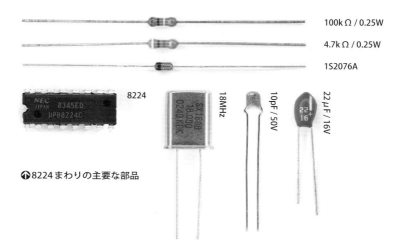

↑8224まわりの主要な部品

　8224を単独で動作させ、生成されたクロックをオシロスコープで観測しました。電圧は出力に10kΩの抵抗をつないだ状態で10Vを超えており、8080の負荷がもっと重かったとしても9V以上は守れそうです。波形も規定を十分に満たしています。驚いたことに、8224は猛烈に発熱します。9V以上の電圧を2MHzで振るというのは相当な大仕事のようです。

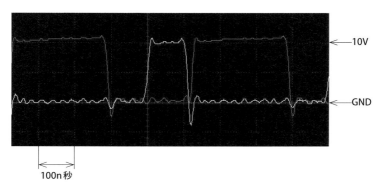

↑8224が生成したクロックφ1（白）とφ2（グレー）

8224がリセットに関与するのはごく自然なことです。まれに誤解があるようですが、リセットとはレジスタの内容をクリアすることではなく、特定の値を再セットする動作です（ただし8080が再セットする値はたまたま0です）。この動作には少なくとも3発のクロックが必要です。そのため、8224が関与して、クロックを生成している状態でリセットします。

　もうひとつ、誤解されがちな事実を確認しておきます。レジスタの内容は電源を切ってまた入れても0にはなりません。電源を切ったら測定不能、入れた直後は不定です。不定のまま、8080がリセットなしに動作を開始すると暴走しますから、8224のリセット入力（$\overline{\text{RESIN}}$）には電源を入れたあとの一定時間、自動的にLとなる回路を外付けしておきます。

　リセットの時間は、電源が安定した状態で、最低3クロックです。電源は12Vがもたつきそうですが、時間を読めませんから、余裕を見込んで800m秒としました。リセット入力の外付け回路は800m秒かけてコンデンサを充電し、ゆっくり立ち上がります。8224はそれをシュミットトリガで受け入れ、反転して、終端で鋭く立ち下がるリセットを出力します。

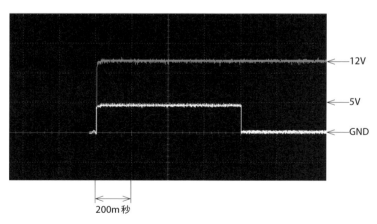

🔼8224が出力したリセット（白）と12V電源の電圧（グレー）

試作機で実測したところ、12Vは思いのほか早く安定するようなので、リセットの時間はもっと短くてもよさそうです。しかし、将来、入出力装置とのインタフェースに起動が遅い周辺ICを使うかもしれません。電源を入れたあとの1秒に満たない時間を節約して動かないコンピュータを作ったら台無しですから、リセットまわりは現状のままにしておきます。

　8224のレディ入力（RDYIN）は、8080をウェイトなしで動作させるときHにします。通常はプルアップしておいてウェイトなしで動作させます。低速のメモリや周辺ICを読み書きする場合、応答するまでLにします。8224はそれをシュミットトリガで受け入れ、クロックと同期をとって所定のタイミングで8080へ出力し、読み書きの動作を延長します。

⊕ 8238まわりの回路が果たす役割

　システムコントローラ8228/8238は時分割バスによる信号のやり取りを適宜適切に実行します。8228と8238の違いは、書き込み信号（$\overline{\text{IOW}}$と$\overline{\text{MEMW}}$）を作る方法と出力のタイミングです。8228は8080の書き込み信号（$\overline{\text{WR}}$）から作ります。8238は8224のストローブ（ひいては時分割バスのステータス）から作るため、8228より早く出て、同時に終了します。

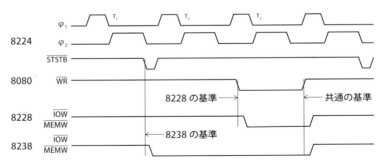

⓵書き込み信号が出力されるタイミング

メモリと大半の周辺ICは書き込み信号の終端で書き込むため、先頭のタイミングは影響がなく、強いていえば早く出る8238が有利です。一方、一部の古い周辺ICは先頭で動作を始める構造になっていて、早く出ると未確定のデータを書き込みます。TK-80に使われている8255のAなし版がその一例です。したがって、TK-80は8228でのみ正しく動作します。

　試作機は8238を使いました。8238は、8224がストローブを出した時点で時分割バスからステータスを取得し、8080のバス方向信号（DBIN）や書き込み信号（$\overline{WR}$）と組み合わせて制御信号（$\overline{MEMR}$、$\overline{MEMW}$、$\overline{IOR}$、$\overline{IOW}$）を作ります。ストローブが出ていないときは時分割バスをデータバスとみなし、制御信号と整合をとって入出力の方向を切り替えます。

　8238は8080がDMAや割り込みへ移行したときのややこしい動作にも対応します。ただし、試作機はDMAをやらないことにして、配線を簡略化しました。本来なら8238のバス有効入力（$\overline{BUSEN}$）を8080のDMA応答（HLDA）とつなぎ、DMAの実行時はデータバスを無効（絶縁状態）とするのですが、それをGNDへつないで、つねに有効としています。

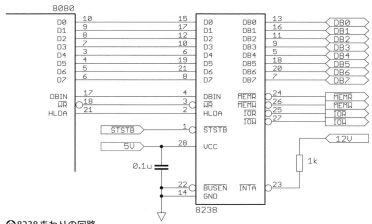

⬆8238まわりの回路

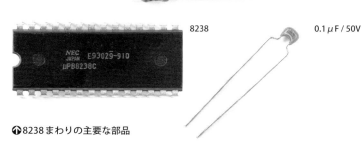

⬆8238まわりの主要な部品

　もうひとつの割り込みは、周辺ICの要求により、実行中のプログラムを中断し、別のプログラムを実行したあと、中断したプログラムを再開する動作です。8080は「別のプログラム」を周辺ICがそのつど自由に指定できます。Z80は登録しておいたプログラムから選びます。MC6800は指定ができなくて、いつもこれと決まったプログラムを呼び出します。
　8080の優れた割り込みは、構造を見ると呆れるほど単純です。8080は割り込み要求を受け付けたあとステータスなどで割り込み応答を出し、それ以外はほぼ通常どおりに動作します。割り込み応答が出たタイミングで、周辺ICがメモリにかわってデータバスに呼び出し系の命令を乗せれば、ごく自然に、それを取り込んで「別のプログラム」を呼び出します。
　周辺ICに命令を出す機能がある場合、割り込みは美しい流れで実行されます。そういう機能がない周辺ICで割り込みをするときは、8238から命令を出します。8238の割り込み応答（$\overline{\text{INTA}}$）を12Vへプルアップしておくと、ステータスが割り込み応答を伝えたタイミングでデータバスをすべてHにします。8080は、それをRST7と解釈して実行します。
　RST7はアドレス0038Hにあるプログラムを呼び出します。したがって「別のプログラム」はアドレス0038Hから配置します。割り込み源が複数あってもつねにこのプログラムが呼び出されるので、必要に応じ、このプログラムで割り込み源を調べて以降の処理を区別します。8080の割り込みは本来の持ち味を発揮しませんが、これでMC6800並みです。

CHAPTER●1―CPUボードの製作

8080の信号電圧はTTLレベルよりやや厳しいのですが、8238を経由した信号電圧はTTLレベルです。また、8080の出力は駆動能力が1.9mAですが、8238を経由した出力は10mAに増強されています。もうデータバスや制御信号にどんなICがいくつつながるかを気に掛ける必要がありません。常識の範囲で、どんな構成にでも対応することができます。

⊕ 8080まわりの回路が果たす役割

　8080が時分割バスで信号をやり取りする手順は、構造上、歴代の製品と大差がありません。ささやかな進歩は、アドレスバスを分離、独立させたことです。これは小さな違いですが、速度を大きく向上させます。信号のやり取りで最初にやることはアドレスの指定です。アドレスがすぐに取り出せれば、ほかのことがいくらか遅くても時間を稼げるのです。

　アドレスバスにはバッファを入れて電気的特性を改善することにします。そうでないと8238を経由したデータバスや制御信号とのバランスを欠き、ボトルネックとなって、これらの電気的特性を無駄にしかねません。バッファは74HC541で作ります。これはCMOSですがTTLと同じ機能を持ち、信号電圧はTTLレベル、駆動能力は6mA以上となります。

8080

74HC541×2個

🔼 8080まわりの主要な部品

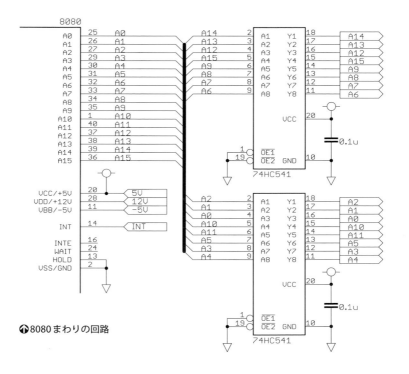

⬆ 8080まわりの回路

　DMAはやらないことにして、8080のDMA要求（HOLD）をGNDへ固定します。これで、8080はDMAの要求を受け付けません。また、普通は74HC541の出力有効入力（$\overline{OE1}$と$\overline{OE2}$）を8080のDMA応答（HLDA）とつなぎ、DMAの実行中は出力を無効（絶縁状態）にするのですが、そういう状況が起きないため、GNDへつないで、つねに有効としています。

　8080の割り込み入力（INT）は、入出力装置が割り込みを必要とするとき周辺ICからHにします。周辺ICがつながっていないとき間違ってHとならないように何らかの方法でプルダウンするべきでしょうが、どんな方法がいいか決めかねて、とりあえず放ってあります。プログラムで割り込みを許可しない限り、誤動作することはないと想定しています。

8080の割り込み許可（INTE）は、割り込みが受け付け可能な状態でHを出力します。TK-80は、この信号を利用して1命令を実行するたびに割り込みを掛け、シングルステップ動作を実現しています。シングルステップ動作はデバッグに便利ですが、回路が猛烈に複雑化するため、製作の目標から外しました。この信号は、ほかに有用な使いみちがありません。

　8080のウェイト応答（WAIT）は、ウェイト入力（READY）にLが入って読み書きの動作を延長しているとき、Hになります。読み書きの動作を正確に一定期間だけ延長したければ、この信号でクロックのカウントを開始し、タイミングを計ってウェイト入力をHに戻します。試作機はウェイトの取り扱いを8224に任せているので、この信号を使いません。

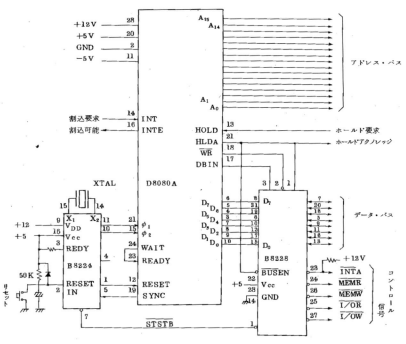

🔴TK-80の主要な信号の取り扱い（ユーザーズマニュアルから当該部分を転載）

TK-80はウェイト応答をウェイト入力に直結しています。ウェイト応答は普段はLですから無条件にウェイトが入りますが、ウェイトが入ることでHになり、すぐ解除されます。つまり、つねに1クロックだけウェイトが入ります。ウェイト応答とウェイト入力はピンが並んでおり、これらを直結することは、最少のウェイトを入れる最高に簡単な方法です。

　TK-80でウェイト入力をウェイト応答から切り離してプルアップするとウェイトなしで動作し、速度が上がるか、限度を超えて暴走します。低速のメモリが乗ったTK-80では勝ち目の薄い賭けですが、不要になって捨てる前にやってみるのが通例でした。おかげで、かつてジャンク店でTK-80を買ったオタクは、まずこの改造を元に戻すハメになりました。

⊕ CPUボードのバスの設計

　コンピュータの製作は、細心の注意を払っても、いくつかは間違いが紛れ込みます。全部の回路をいっぺんに組み立てて全滅するより、小さな単位に分けて作り、限られた間違いにとどめるほうが賢明です。ここまで、8080の近辺の回路と8080に特有な電源を設計しました。構成上のキリがいいので、一式を1枚の基板に乗せて、CPUボードを作ります。

　CPUボードはメモリや周辺ICが乗った別のボードとバスで接続します。そこで、もうひと仕事、バスの設計をやっておきす。バスの実体はただの電線ですが、どういう信号を引き出し、どんな順番で並べるかによって、コンピュータの総合的な機能や拡張性が左右されます。その設計は、回路の設計とは違った種類の見識が求められる、意外と高度な作業です。

　始めに、端子の物理的な形状を20ピン2列L型のピンヘッダと決めます。ピンヘッダは、入手しやすく、取り扱いが簡便で、ピンソケットやコネクタなどいろいろなものがつながります。ピン数を全部で40本としたことは、重要な決定ですが、これといって明確な根拠がありません。バスの設計は、何かひとつ勇気をもって決断しなければ先へ進まないのです。

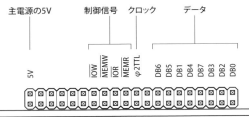

🔼 CPUボードのピンヘッダの信号（コネクタ側から見た並び）

　バスに引き出す信号はメモリや周辺ICの要求で決まります。メモリが必要とするのは、主電源の5VとGND、アドレス16本、データ8本、制御信号の$\overline{\text{MEMR}}$と$\overline{\text{MEMW}}$、レディです。周辺ICで余計に必要となるのは、制御信号の$\overline{\text{IOR}}$と$\overline{\text{IOW}}$、割り込み、クロック、リセットです。以上の合計33本を引き出し、残り6本は予備として当面は空けておきます。

　信号の並べかたは電気的な性質を考慮します。クロックのように激しく振れる信号は、周囲へ雑音を飛ばして誤動作を招くので、割り込み入力など8080と直接つながる信号から距離を置きます。主電源の5VとGNDは、消費電力の大きなICがつながったとき1本ずつでは供給し切れないかもしれません。状況に応じ、予備のピンを使って補強します。

　徹底的に頑張るなら見栄えにも配慮します。たとえば、アドレスをA_0からA_{15}まで番号順に配置します。ただし、その努力は電気的な利点がありません。ですから、手もとの1台が手っ取り早く動けばいいという場合、配線のしやすさを優先して信号を並べるのもひとつのやりかたです。試作機のバスは、CPUボードの配線に都合よく信号を配置しました。

Altairのバスは、通称S-100バス(のちにIEEE-696)として標準化されています。標準規格にはできるだけ合わせるべきですが、S-100バスは非現実的です。たとえば、CPUボードから引き出す信号の中にステータスとデータ出力とデータ入力があり、これらは8238だと引き出せません。別の方法で引き出しても、普通のメモリや周辺ICを直結できません。

　Altairのバスは、たぶん試作の段階で引き出した信号をそのまま確定したのだと思います。教材として設計したわけではないので、正しく動いたものをわざわざ改良する理由がありません。どうかしているのは、そんな風に生まれたバスを標準化したことです。MITSは強硬に抵抗しましたが、互換機や互換カードのメーカーに押し切られてしまいました。

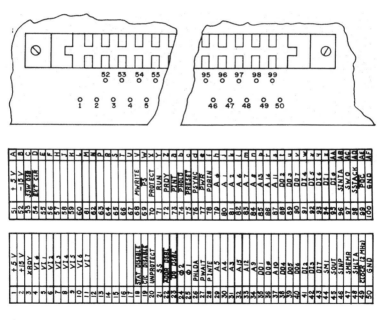

⬆Altairのバスの信号(組み立てマニュアルより転載、電源電圧は誤記と思われます)

TK-80はコンピュータの全体が1枚の基板に乗っており、バスは内部で完結しているため、外部に出ていません。強いていうなら基板のエッジに電源とアドレスとデータが出ていて、電線であと数本の信号を持ってくると一応はバスの恰好になります。そして、基板の大雑把なアドレスデコーダをきちんと作り直せば、メモリや周辺ICがつながります。

⊕ CPUボードの製作と配線の検査

　無線機やアンプの製作で鍛えたホビイストは電線の配線をまったく苦にせず、むしろ情熱を燃やすくらいでしょう。しかし、コンピュータの配線は想像を超えて大量です。正直に配線すると基板が電線だらけになり、8080の美しい姿を覆い隠してしまいます。そこで、感光基板を使って片面のプリント基板を起こし、差し当たり電線の配線を半分に減らします。

　いっそのことプリント基板製造サービスを利用して本格的な両面のプリント基板を起こしたらどうかという意見は傾聴に値しますが、やめたほうがいいと思います。1970年代のICを本格的なプリント基板に乗せると見た目がまるで中古基板です。もし設計の変更が生じ、電線の1本でも追加しようものなら、なおのこと訳アリのジャンクに成り下がります。

　プリント基板の設計は製造装置の精度に制約を受けます。感光基板で自作する場合、製造装置の精度とは、作り手の腕前です。仕上がりを左右するのは感光と現像です。感光は「直射日光で1分」でまず間違いがありません。一方、現像は、現像液に浸したあとパターンが現れる様子を見てここぞという瞬間に引き上げる必要があり、経験がモノをいいます。

　CPUボードのプリント基板は確実に完成させたいので、現像のサジ加減が悪いほうへ振れてもうまくいくように、設計のルールを低精度向きに決めました。パターンの引き回しは0.1インチあたり2本まで、ピンの間にパターンをとおすことは禁止とします。これで適度に電線の配線が混じることになり、作り手の力量や情熱が出来栄えに反映されます。

⬆感光基板とCPUボードのパターンを印刷したフィルム

　プリント基板を設計する時点で、バスはまだ信号の配置が決まっていません。いいかえれば、信号を好きな位置へ引き出すことができて、全部がつながったとき、同時にバスも完成します。それは、あくまで試作機の暫定的なバスですが、量産する予定がありませんから、事実上の決定です。Altairのバスも、信号をただ手近な端子へつないだように見えます。

　バスの端子が20ピン2列L型のピンヘッダで、ピンの間にパターンをとおさない決まりだと、端子の外側の1列は、両端を除き、必ず孤立します。これは、悪い話ではありません。孤立したピンは電線でつなぐことになり、どこからでも信号を引き出すことができます。試作機では、端子から離れた位置にあって始末に困ったアドレスの16本をつなぎました。

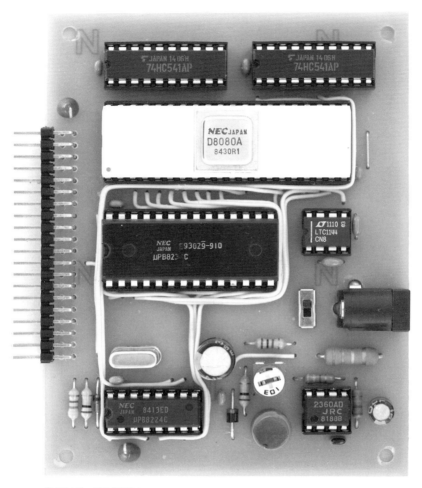

⬆CPUボードの部品面

　電線の配線は部品面で引き回すのが正しいやりかたです。ハンダ面で配線するほうがラクですが、バスに複数のボードを挿したとき、電線がほかのボードの部品に絡む恐れがあります。ただし、バスの孤立した端子はハンダ面で配線するほかありません。また、組み立てに至るまですっかり失念していたいくつかの信号をハンダ面の配線で追加しました。

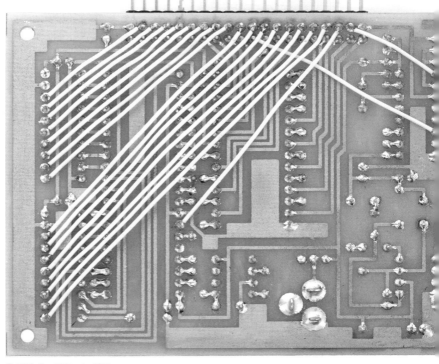

🔴CPUボードのハンダ面

　あとひとつ心臓に悪い仕事が残っています。ACアダプタをつなぎ、スイッチを入れて、異常がないことを確認します。8080まわりの電圧は、5V、12V、-5Vとも正常です。クロックジェネレータ8224は所定のクロックを出力しています。システムコントローラ8238が制御信号を出力している様子も感じ取れます。この間、どこからも煙が立ちのぼりません。

　これらは必要な検査ですが、これでCPUボードが完成したと判断するのは早計です。本当のことはメモリと周辺ICをつないで動かすまでわかりません。その段階で、普通はもうひと波乱あるものです。重要なのは、結果として成功するかどうかではなく、精一杯の手立てを尽くすことです。それでもなお失敗したら、その経験は次の製作物を成功へ導きます。

CPUボードは8080が要求する面倒臭い取り扱いを1枚のプリント基板の中で解決しており、全体でひとつの面倒臭くないCPUとして動作します。実際、メモリや周辺ICは、ありふれた配線でCPUボードとつながります。この先、設計上の技量が求められるとすれば、メモリや周辺ICがCPUボードの動作に追随できるかどうかを判断することくらいです。

　8080はパイプラインやキャッシュなどの近代的な構造がなく、2相のクロックにしたがい整然と動作します。8080がいつ何をやるかは、2相のクロックを基準に定義することができます。CPUボードは、8080の周囲に8238や74HC541をつないでいます。これらによる信号の遅れを考慮して、CPUボードの単位で、いつ何をやるかを明確にしておきます。

　CPUボードの読み出し動作は、まずアドレスを出力し、次に制御信号を出力し、一定の期間を置いて、データバスの状態を取り込みます。メモリや周辺ICは、アドレスが確定してから620n秒以内、なおかつ制御信号が確定してから512n秒以内にデータを出力し、安定させる必要があります。8080よりあとに登場したメモリや周辺ICは、この条件を満たします。

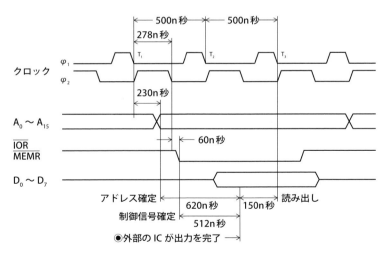

◦CPUボードの読み出しタイミング

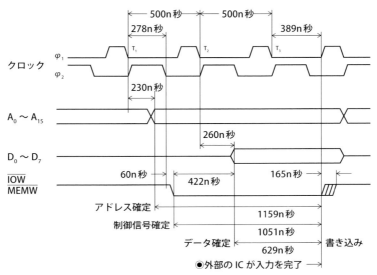

▲CPUボードの書き込みタイミング

　CPUボードの書き込み動作は、まずアドレスを出力し、次に制御信号を出力し、そのあとデータバスにデータを出力して制御信号を戻します。メモリと一般的な周辺ICは、制御信号が戻った時点でデータバスの状態を取り込みます。そのため、アドレスが確定してから1159n秒以内、なおかつ制御信号が確定してから1051n秒以内に反応すれば間に合います。

　CPUボードの8238は8228より早く制御信号を出すため時間的な余裕があり、たいがい低速なメモリや周辺ICでもつながります。しかし、制御信号の先頭で反応するタイプの古い周辺ICは、最初の422n秒、未確定のデータを取り込んでバタつきます。これは構造上の問題で、対策がありません。たとえば、8255のAなし版はつながらないと考えてください。

2 ROMライタの製作

[第2章]
伝説のハードウェア

⊕ ICの不良を解析する作業から生まれたEPROM

　一般的なコンピュータは電源を入れたあと自動的にリセットと解除をして、ROMが保持するプログラムを実行します。ROMは電源が切れている期間も入った瞬間も、データが変化しないメモリです。現在のパソコンがROMに保持しているのはBIOSとユーティリティです。かつてはBASICでした。そのため、電源を入れるとすぐBASICが起動しました。

　Altairは全部のメモリがRAMで、ROMがありません。電源を入れたらフロントパネルの操作でSTOPし、RESETし、RAMにプログラムを書いてRUNします。BASICは紙テープで提供されました。それを起動するにはフロントパネルで紙テープのローダを書いて走らせる必要がありました。コンピュータにROMがないと、だいたいそんな目に遭います。

　ROMは「読み出し専用メモリ」を意味する英語の頭文字です。本来のROMは1000個単位で注文する一種のカスタムICで、データごと製造されるため書き込みの工程がありません。試作や少量生産で数個だけ必要な場合は、よく紫外線消去型のEPROMが使われます。EPROMは「消去と書き込みが可能な読み出し専用メモリ」を意味する英語の頭文字です。

　消去と書き込みができるのに読み出し専用という呼びかたはヘンですが、技術が急速に進んだ分野でしばしば生まれる呼称なので甘んじて使います。よく似た別の例をあげると、「電卓」は電子式卓上計算機の略語で、「ポケット電卓」といったらその「卓」はいったい何を指すのかという話になりますが、現実にさしたる混乱もなく、広く容認されています。

↑4004の開発装置MCB4-10に取り付けられた1702（左下）

　紫外線消去型のEPROMはインテルのドブ・フローマンが完成させました。彼はPMOSやNMOSのICによく発生する誤動作の原因を探るうち、中途半端に形成された半導体スイッチが高電圧でオンに固定されることを発見しました。また、その状態は紫外線を照射するとオフになることもわかりました。EPROMは、こうした現象を利用したものです。

　最初の製品1702は、1971年に発売されました。容量は8ビット×256です。半導体の構造はPMOSで、通常の電源電圧は5Vと-9Vですが、書き込むときは12Vと-38Vと-47Vに切り替えます。書き込むと高熱を発生するため、冷却期間を置きながら少しずつ実行しなければなりません。こうした不便さは、便利な製品が発売されるまで、普通のことでした。

1702は4004よりも前に発売されており、EPROMがマイクロプロセッサのために開発されたものでないことは確かです。しかし、マイクロプロセッサが登場したあとEPROMは売れ行きを伸ばし、DRAMに次ぐ利益をもたらしました。試作のほかに少量生産の需要が生まれたからです。この事実は、しばらくの間、インテルのトップシークレットでした。

　1975年、現在のEPROMの基礎となる2708が発売されました。容量は8ビット×1024です。以降、EPROMの型番は「27」の後ろにKビット単位の値が続く形式になりました。半導体の構造は初期のNMOSで、通常の電源電圧は8080と同じ5Vと12Vと-5Vです。書き込みにあたっては、電源電圧を切り替えるのではなく書き込み用のピンに26Vを加えます。

　1977年、容量を増やし、電気的特性を改善した2716が発売されました。容量は8ビット×2048です。半導体の構造は後期のNMOS、通常の電源電圧は単一5V、書き込み用の電圧は25Vです。8080でコンピュータを自作するときよく使われたのが、この2716です。ホビイストたちは、それを完成させたあと、2Kバイトに収まるBAISCの開発に熱中しました。

⊕ 自作派のホビイストが好んで使った2716

　1702の同等品は少数にとどまりました。しかし、すぐEPROMの意外に大きな需要が知れ渡り、2708の同等品は、たくさん発売されました。たとえば、AMDのAM2708、NSのMM2708、TIのTMS2708、モトローラのMCM2708、モステックのMK2708、フィリップスのEGC2708、日立製作所のHN462708、沖電気のMSM2708、三菱電機のM5L2708などです。

　当時のインテルは、EPROMに限らず、製品をただの番号で区別していました。番号には商標としての効力がないので、他社は同等品の型番にインテルの番号を含めることができました。このことは、使う側の立場でいうと、たいへん便利です。一例を挙げると、ジャンク店に置かれている見ず知らずのICの中から、必要な製品を見極めることができます。

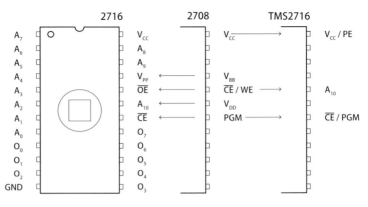

↑2708、2716、TMS2716のピン配置

　2716の同等品は、2708にも増して、たくさん発売されました。やはり、ほとんどの製品が型番に「2716」を含みました。ところが、ここでややこしい事態が起きました。TIが独自のEPROMにTMS2716と名付けて発売し、モトローラも同名でそれに続いたのです。おかげで、「2716」を含む型番のうち、TMS2716だけは別ものということになってしまいました。

　TMS2716は電源電圧が5Vと12Vと-5Vで、いわば2708に最少の変更を加えた増量版です。そのため、既存の書き込み装置が簡単な修正で使えますが、ほかに利点がありません。調べてみると、TMS2716は2716より、ほんの少し前に発売されています。本当は、2708の次の製品でインテルを出し抜こうとして、インテルの出かたを読み誤ったのだと思います。

　現在、運よく8080を入手できた人がコンピュータを組み立てるとしたら、最適なEPROMは2716です。2716より前の製品は取り扱いが難しすぎます。2716よりあとの製品はプログラムをギリギリまで切り詰める面白さを味わえません。このあと、秋葉原で2716を入手し、書き込み装置を作り、プログラムを書き込んで、CPUボードを動かすことにします。

⬆秋葉原の外堀通り沿いにある日米商事

　秋葉原では現在もまだ2716を売っています。それどころか、価格の安い中古品を探したり新品を指定したりする余裕があります。書き込み装置を作ることにしたので、試し書き用にある程度の数、中古品が必要です。また、手持ちの古いイレーサがもう弱っている場合に備えて、少量の新品か再生品を確保します。新品が理想ですが、再生品も消去ずみです。

　中古品は、10個まとめてアルミホイールに包まれているものを、日米商事で買いました。アルミホイールを開けたらインテルの製品が混じっていて大当たりでした。日米商事は、商売がうまいのか下手なのか、電気街が形成されて以来ずっと続いているジャンク店です。ジャンク店なので、2716がいつもあるとは限りませんが、あれば価格は二束三文です。

⬆インテル（左）、日本電気（中央）、モトローラ（右）の2716

　新品は、鈴商で日本電気のμPD2716を2個、買いました（現在は通販のみとなっています）。また、若松通商で格安の再生品を見付けて5個を買い足しました。その際、「メーカーの指定はありますか」と訊かれてつい「ありません」と答えたので、モトローラのTMS2716が混じりました。実をいうと、これがきっかけでTMS2716の特殊な事情を知ったのです。

⊕ マウス操作で書き込めるUSB接続の書き込み装置

　アップルの創業者のひとり、スティーブ・ウォズニアクは、ことあるごとにApple Ⅰを作った動機を尋ねられ、そのつど、自慢するためだと答えています。このつっけんどんな切り返しが万人を納得させるとは思えませんが、たいがいのホビイストは共感を覚えるはずです。電子工作は、多かれ少なかれ、腕前を自慢したい気持ちがあってやるものです。

1970年代のICを動かすことは現在のマイコンを動かすより難しく、成功すれば大いに自慢できるでしょう。しかし、うっかりすると「現在のマイコンがわからなくて古いICしか動かせないのだろう」と思われます。万が一にもそんな評価を受けたら心外なので、2716の書き込み装置を現在のマイコンで作り、それとなく予防線を張っておこうと思います。

　設計の目標は、パソコンとUSBで接続し、書き込みソフトからマウスの操作で書き込みができるものとします。書き込みソフトはマルチプラットフォームのアプリケーションが書けるVisual Studio C++の無料版で開発し、Windowsのパソコンで動かします。つまり、現在の一般的なやりかたで1970年代のEPROMを書き込もうというオツな趣向です。

　マイコンは、USBのインタフェースを備え、TTLレベルの入出力ができるものでなければなりません。なるべく新しい製品を使いたいのですが、流行りのARM系は電源電圧が3.3Vであり、TTLレベルの入出力ができません。少し前に流行ったマイクロチップテクノロジーのPICシリーズから、USBのインタフェースを備えたPIC18F4550を選びました。

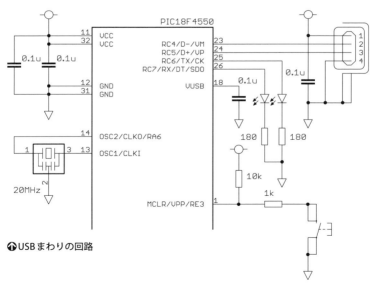

🔴USBまわりの回路

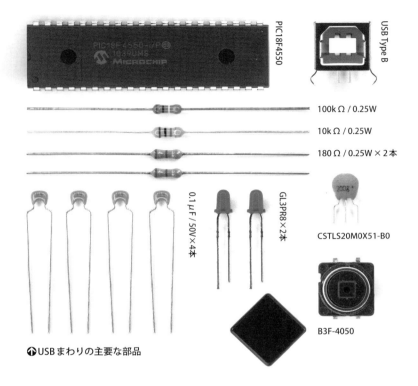

↑USBまわりの主要な部品

　PIC18F4550は電源電圧5Vのマイコンで最強といって過言でない、豊富な機能を備えます。せっかくなので、使えるものは何でも使い、書き込み装置の部品点数を減らします。その結果、ファームウェアの開発で苦労しますが、部品代は安く上がります。なお、ファームウェアの開発には無料のMPLAB X IDE開発環境とMPLAB XC8コンパイラを使います。

　USBまわりの働きはあらかたファームウェアが実現するため、ハードウェアの設計に大きな課題はありません。USBでただパソコンとつながればいいという場合、最少の外付け部品は、USBコネクタ、VUSBピンの平滑コンデンサ、セラミック振動子、電源のバイパスコンデンサです。普通は、動作確認用に、あと2本のLEDと1個のスイッチを取り付けます。

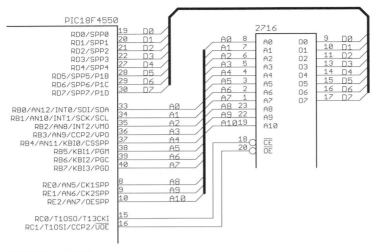

⬆ バスまわりの回路

　アドレスの出力とデータの入出力には汎用ポートを使います。汎用ポートは技術的につまらないインタフェースですが、量が質に転化します。PIC18F4550は最大35本の汎用ポートを備え、エキスパンダやシフトレジスタなどを使わなくても2716と接続することができます。なお、書き込み装置ではバスまわりをゼロプレッシャソケットへつなぎます。

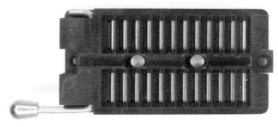

24-6554-10

⬆ 書き込み装置に使用したゼロプレッシャソケット

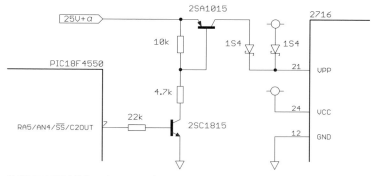

↑5V / 25V切り替えスイッチの回路

　2716の書き込み用のピン V_{PP} は、通常が5V ± 0.25V、書き込みの期間は25V ± 1Vに上げます。そのため、V_{PP} の前に5Vと25Vの切り替えスイッチを置き、汎用ポートで切り替えます。切り替えスイッチには電圧のロスがあり、その分、もとの電圧を高くします。ただし、5Vは負荷が軽く（最大5mA）、下げ幅が小さいので、主電源をそのまま使いました。

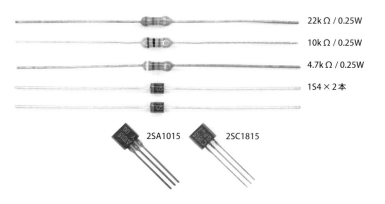

↑5V / 25V切り替えスイッチの主要な部品

⊕ マイコンで主電源の5Vから25Vを作る

書き込み用の25V+αは主電源の5Vを昇圧して作ります。これは8080の12Vと同じやりかたですが、8080の12Vとは違って連続運転時間が短いため、電気的特性が、ある程度、ルーズで構いません。たとえば、電力効率がいくらか劣ったとしても主電源の負担は些少です。電源用ICを使うまでもなく、PWMとコンパレータで簡単に済ませることができます。

書き込み装置の昇圧回路は次のように動作します。PWMはFETを介してインダクタをスイッチングし、何はともあれ高い電圧を生成します。この電圧を抵抗で分圧してコンパレータへ戻し、基準電圧と比較します。その結果でPWMのデューティ比を増減し、やがて電圧を25V+αへ収束させます。つまり、典型的な昇圧型スイッチング電源のやりかたです。

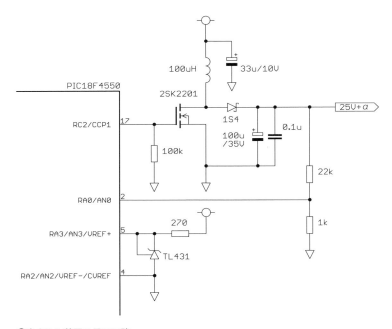

↑書き込み装置の昇圧回路

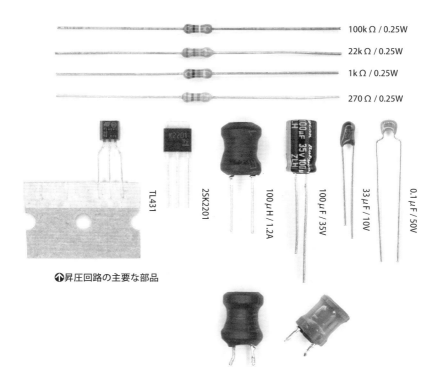

↑昇圧回路の主要な部品

　書き込み装置の昇圧回路は出力が基準電圧の23倍になります。基準電圧はシャントレギュレータTL431が作る一定の電圧をファームウェアで分割した1.1Vです。したがって、計算上の出力は25.3Vです。机上の計算と実物の動作は必ずしも一致しませんが、多少の違いはファームウェアでどうにかできるため、電圧を調整する半固定抵抗を省略しました。

　電力効率や応答性はインダクタの容量とそれをスイッチングする周波数に依存します。マニュアルが存在しないので、これらの値は試行錯誤で決めることになります。スイッチングする周波数はファームウェアを書き換えるだけで、いろいろと試すことができます。一方、インダクタの容量は、部品を取り換えながら実測して探らなければなりません。

⬆試行錯誤している段階の昇圧回路

　V_{PP}が書き込みのとき消費する電流は最大30mAで、これが昇圧回路の負荷になります。何となく軽い印象を受けたのですが、電圧が高いため、本当は結構な重さです。当初の間違った直感で取り付けたインダクタは容量がまるで足りず、何度も取り換えるハメになりました。結局、100μHのインダクタで負荷30mAのとき電圧25.2Vが得られました。

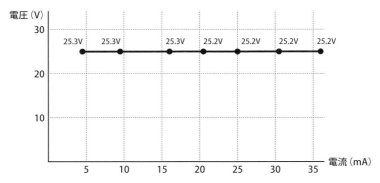

⬆昇圧回路の電流-電圧特性

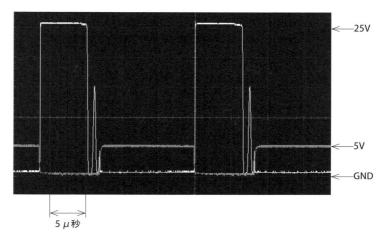

⬆昇圧回路(負荷31mA)のPWM(グレー)と発電(白)の波形

　スイッチングする周波数は、なるべく高くしたいところですが、デューティ比を増減する処理に時間が必要なので、やや抑え気味の46.875kHzに決めました。オシロスコープで観測すると、電圧25.2V、負荷31mA（82Ωのセメント抵抗）のとき、発電と放出の期間がだいたい1周期を埋めています。電力効率は、最高ではないものの、まあ良好といえます。

⊕ ユニバーサル基板に手配線で組み立てる

　書き込み装置はユニバーサル基板に組み立ててこれ見よがしの手作り感を出します。部品を整然と並べると、サイズが95mm×72mmの、いわゆるBタイプに収まります。製作例で使ったのは秋月電子通商のAE-B2-CEM3です。ランドがハンダメッキされていて、気持ちよくハンダ付けができますし、配線を間違えても証拠を残さずにやり直しが利きます。

◑書き込み装置の部品面

　書き込み装置は(実はCPUボードも)アナログとデジタルが混在しており、下手な配線をすると雑音を拾って誤動作します。ただし、上手に配線するための注意点は山のようにあり、全部を守ったら組み立てが完了しません。手もとの1台が何とか動けばいいという場合、部品の間隔を詰めて配線が短くなるように努めれば、たいてい、それで大丈夫です。

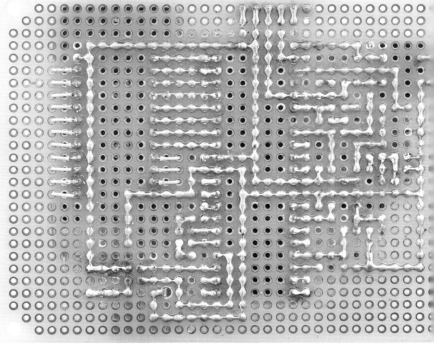

↑書き込み装置のハンダ面

　部品の配置を徹底的に練り上げたので、電線の配線は部品面のゼロプレッシャソケット周辺にとどまりました。ほとんどの配線は、ユニバーサル基板に部品を挿したあとハンダ面で脚を曲げ、近くへ直接つないでいます。何箇所か、曲げた脚では届かない部分があり、ほかで切った脚を継ぎ足しましたが、いずれにしろ、ハンダ面に電線の配線はありません。

　仕上げに、空いたスペースを見繕ってマイクロチップテクノロジーの書き込み装置PICkit3の接続端子を取り付けました。PICkit3はマイコンを電子機器に取り付けたままファームウェアの書き込みができます。現状、ファームウェアはまだUSBの制御と2716の書き込みをやりません。PICkit3は、これらの働きを開発する過程で試行錯誤を大いに助けます。

論理の破綻を指摘される恐れがあるので、少し補足しておきましょう。普通の感覚だと、PICkit3の便利な機能で2716の書き込み装置を作って8080を動かすより、PICkit3で書き込めるマイコンを使います。ホビイストの感覚は違います。繰り返しになって恐縮ですが、なるべく遠回りをして「技術」と戯れ、たくさんの課題をこなして腕前を自慢したいのです。

⊕ 書き込みと読み出しの機能を作る

　2716は書き込み用のピンV_{PP}に25Vを加えることで書き込みが可能な状態に入ります。書き込みの手順は次のとおりです。まず、読み出し信号$\overline{OE}$をHとし、$A_0 \sim A_{10}$にアドレス、$D_0 \sim D_7$にデータを与えます。次に、チップセレクト$\overline{CE}$を50m秒、Hにします。これで1バイトが書き込まれます。全体を書き込むとしたら、同じことを2048回、繰り返します。

　書き込み装置の側で全体の書き込みを完結する必要はありません。むしろ、小さな単位の書き込み機能だけを備えておいてパソコンの書き込みソフトで遣り繰りするほうが、融通が利きます。ただし、極端に小さく分けるとV_{PP}の5Vと25Vを頻繁に切り替えることになって、時間の無駄が生じます。25Vが安定するまで、思いのほか長く待たされるからです。

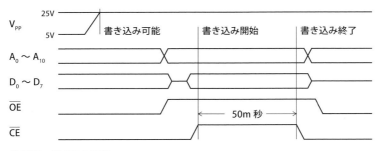

⬆2716へ書き込む手順

●負荷約15mAの切り替え波形　　●負荷約30mAの切り替え波形

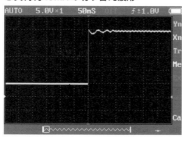 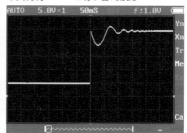

↑5V/25V切り替えスイッチの電気的特性

　25Vが安定する時間は負荷が最悪の30mAだと150m秒ほど掛かります。もし1バイトを書き込むたびに5Vと25Vの切り替えをやると、2048バイト分の待ち時間は合計5分にもなります。したがって、いったん25Vに上げたら、ある程度のバイト数を連続して書き込むのが合理的です。「ある程度」の目安は、大きすぎず、小さすぎない、16バイトあたりです。

　読み出しはV_{PP}が5Vでも25Vでも可能です。$A_0 \sim A_{10}$にアドレスを与え、チップセレクト$\overline{CE}$と読み出し信号$\overline{OE}$をLにすると、$D_0 \sim D_7$にデータが現れます。真面目な書き込み装置はV_{PP}を25Vにしたまま書き込みと読み出しをやって、随時、成否を検証します。自作の書き込み装置だと、全部を書き込んだあと、V_{PP}を5Vに下げて検証するほうが安全です。

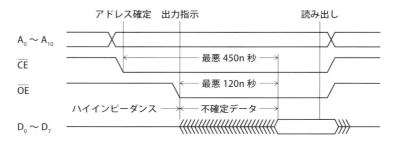

↑2716から読み出す手順（V_{PP}が5Vの場合の典型例）

🔼 書き込み機能のテストでLEDが点灯した状態

　書き込み装置のEPROMに関係する機能は16バイトの書き込みと16バイトの読み出しのふたつとします。これだけで、パソコンの書き込みソフトから、書き込み、読み出し、検証、ブランクチェックができます。なお、V_{PP}に25Vが加わっている期間はLEDのひとつを点灯し、そそっかしい人がEPROMを挿し替えないよう、注意喚起することにしました。

⊕ USBでパソコンとつながる機能を作る

　USB機器には約10種類（ときどき増えます）の標準クラスが存在し、パソコンのOSはこれらのドライバを備えます。USB機器がどれかの標準クラスに準拠していれば、ドライバは開発もインストールも不要です。たとえば、USBメモリはMSD（大容量記憶装置）クラス、キーボードやマウスはHID（ヒューマンインタフェース装置）クラスに準拠しています。

バイト位置	0	1	2	3	4	5	...	18	...	63
書き込み指示	0x73	アドレス		書き込むデータ						
書き込み応答	0x73	成否								
読み出し指示	0x72	アドレス								
読み出し応答	0x72	成否	読み出したデータ							

❶ HIDクラスのデータによるパソコンの指示と書き込み装置の応答

　書き込み装置はHIDクラスに準拠させます。キーボードやマウスの仲間に入れることは意外でしょうが、通信の構造が、書き込み装置に最適です。パソコンはHIDクラスの電子機器と1m秒ごとに接続し、準状況が許せば、最大64バイトのデータを送受信します。書き込みソフトは、このデータで書き込みや読み出しの指示を出し、また結果を受け取ります。

　書き込みの場合、書き込みソフトは、書き込み符号、アドレス、16バイトの書き込みデータを送信します。書き込み装置は、書き込みを済ませたあと、書き込み符号（復唱）と成否を返します。読み出しの場合、書き込みソフトは、読み出し符号とアドレスを送信します。書き込み装置は、読み出し符号（復唱）、成否、16バイトの読み出しデータを返します。

　将来の拡張に備えたせいで、現状では無駄なところがふたつあります。第1に、1回にやり取りするデータを必要以上に長い64バイトとしています。ちなみに、余った部分は0xffで埋めておくと、速度が落ちるかわりに通信の消費電力が減ります。第2に、成否の値は必ず成功（0x01）となります。書き込み装置は、今のところ、単独で成否の判断をやりません。

　こうした書き込みや読み出しの働きは、USBの基本的な機能の上に成り立ちます。書き込み装置のファームウェアは、ほかに、HIDクラスの定義、エンドポイントの制御、プラグアンドプレイへの対応など、専門的な知識が求められる、難しい働きを実現する必要があります。大丈夫、深刻な問題ではありません。簡単に切り抜ける、うまい方法があります。

USBの基本的な機能は、誰が書いても同じになります。PIC18F4550でHIDクラスを実現したファームウェアがどこかにあれば、わずかな修正で流用することができます。書き込み装置のファームウェアは、マイクロチップテクノロジーのMicrochip Libraries for Applicationsに含まれるhid_customのPICDEM FS USB版から当該部分を流用しました。

　hid_customにはパソコンのアプリケーションもあり、これは書き込みソフトを作る上でとても参考になります。ただし、丸写しできる部分は些少です。ソースが遥か昔（2005年版）のVisual Studio C++で書かれていて、現在では禁止されている手順が散在するからです。書き込みソフトの大半は、最新（2015年版）のVisual Studio C++で書き下ろしました。

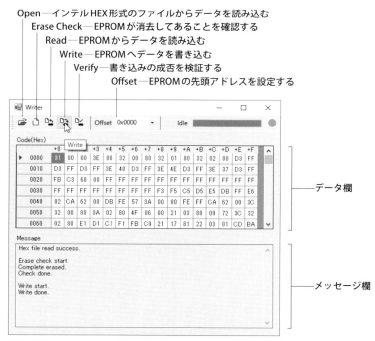

▲書き込みソフトのユーザーインタフェース

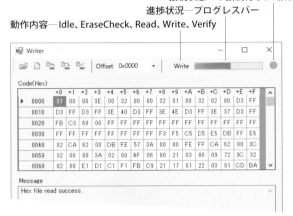

接続状態――●接続待ち、●接続中、●取り外し中
進捗状況――プログレスバー
動作内容――Idle、EraseCheck、Read、Write、Verify

❶書き込みソフトのステータス表示

　書き込みソフトは書き込むデータを保持するために2Kバイトのバッファを備えます。書き込むデータはインテルHEX形式のファイルまたは書き込みずみのEPROMから読み込みます。書き込みにあたっては、バッファのデータを16バイトずつ書き込み装置へ渡します。したがって、書き込み装置は、ごく小さなメモリで、大きなデータを書き込めます。
　書き込みは16バイトずつ128回繰り返します。繰り返しの先頭で書き込み用の電圧が安定するまで150m秒待ち、1バイトの書き込みに50m秒を要するため、全体で2分強が掛かります。時間を少しでも縮めるため、データがブランク（0xff）と同じ値の場合は書き込みを省略します。また、進捗に添ってプログレスバーを伸ばし、退屈しのぎに眺めてもらいます。
　イレースチェックは読み出しを繰り返してブランクと比較し、全部が一致したら「Complete erased.」、そうでなければ不一致のバイト数をメッセージ欄に表示します。結果がどうであれ、ほかの操作を制限しませんから、上書きが可能です。たとえば、ブランクの部分に追記したり、デバッグ用の命令をNOP（0x00）で潰したりすることができます。

書き込みの成否は、読み出しを繰り返してバッファのデータと比較し、全部が一致するかどうかで検証します。全部が一致したら成功とし、メッセージ欄に「Complete match.」と表示します。そうでなければ失敗と判断し、不一致のバイト数を表示します。失敗の原因は、たいていEPROMが傷んでいるせいです。傷み具合は不一致のバイト数で推し量れます。

　書き込みソフトはWin32形式にビルドし、Windowsの32/64ビット版で動かします。これで、曲がりなりにも2716にデータを書き込むことができます。至らないところは多々ありますが、8080を動かすほうが優先です。書き込みソフトと書き込み装置のファームウェアは、オープンソースのフリーウェアとして公開し、あとのことをみなさんに任せます。

⊕ EPROMをいったん消去してから書き込む

　EPROMは、通常（追記したり0x00を上書きしたりする場合を除く）、全部のデータを消去した状態から書き込みます。消去とはビットをHにすること、書き込みとはLにすることです。書き込み装置はデータの0にあたるビットをLにしますが、1にあたるビットをHにすることはできません。ビットをHにする方法は、事前の「丸ごと消去」しかないのです。

　EPROMを消去するにはパッケージのガラス窓をとおしてダイに紫外線を当てます。インテルの説明によれば、消去が可能な光は波長400nm以下となっており、これは光学的な紫外線の定義と一致します。消去の効力は、波長が短ければ短いほど増大しますが、ガラス窓が200nm以下の光を吸収してしまうため、実際はそれを少し上回るあたりが最適です。

　2716のデータシートは「消去特性」の項目で消去時間の目安を「天井の蛍光灯で3年、直射日光で1週間」と説明しています。いささか呆れたのですが、どうやら、ありきたりな紫外線ですぐさま消去されてしまう恐れは少ないという趣旨のようです。ひとくだりあとに「殺菌灯で20分」と書いてありました。ちなみに、殺菌灯の光は波長が253.7nmです。

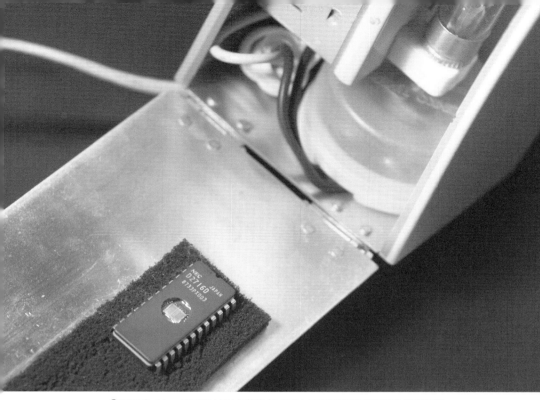

⬆2716をイレーサに取り付けた状態（このあとフタを閉めて紫外線を当てます）

　買うと1万円はするイレーサの光源は殺菌灯です。殺菌灯は蛍光材を塗っていない蛍光灯のようなもので、蛍光灯スタンドに挿して点灯することができます。器用な人ならこの方法でEPROMを消去できそうですが、紫外線は目を傷めるため、厳重に遮光しなければなりません。健康を賭けてまで挑戦する価値はないので、やめたほうがいいと思います。
　ノーベル賞をとった大発明、青色のLEDは、現在、さらに波長を縮め、紫外線の領域へ差し掛かっています。電気街でもギリギリでEPROMを消去できる波長400nm付近の紫外線LEDが手に入ります。殺菌灯の効力には及びませんが、強力な紫外線LEDを選んでガラス窓へ近付ければ消去できるんじゃないかという見解が散見されるため、やってみました。

実験に使った紫外線LEDはオプトサプライのOSV5XME1C1Eです。波長の中心は410nmで、分布が400nm以下に及びます。輝度が落ちる分、大きな電流でカバーします。猛烈に発熱するため、放熱板に取り付け、耐熱電線で配線しました。仕様上は400mAを流せますが、少し余裕を見込むべきです。5.6Ωの抵抗を介して5Vを掛け、304mAで点灯させました。

　紫外線LEDの紫外線も目を傷めます。しかし、紫外線LEDをEPROMのガラス窓へ近付けると反射した紫外線が少し漏れるくらいです。囲いを作るまでもなく、点灯中は見ないように注意すれば大丈夫です。位置合わせなどの作業ではサングラスをかけます。ハタ目に怪しい構図となるので、他人に見られないよう、「鶴の恩返し」状態で実験をしました。

　EPROMのデータは紫外線を当ててから6時間で9割が消去されました。消去できない1割は、紫外線がうまく当たっていないようです。以降、ときどき紫外線LEDの向きをかえながら大半を消去したものの、結局、数バイトを残したまま15時間で諦めました。紫外線の効力が劣ることは時間で埋め合わせが利きますが、当たりにムラが出るのは痛い弱点です。

　消去できなかった部分はデータが0xffにならず、書き込み装置で読み出すとアドレスがわかります。後ろのほうにあったら、前のほうは書き込みが可能です。また、アドレスの物理的な位置がわかれば、狙いを付けて消すことができるでしょう。とはいえ、いずれにしろ、いちかばちかのやりかたになるので、実験は、成功したと言い難い結果に終わりました。

🔼放熱板に取り付けて耐熱電線で配線したOSV5XME1C1E

⦿完成した書き込み装置で2716に本番の書き込みをしている様子

　書き込み装置の試し書きにはイレーサで消去した中古品のEPROMを使いました。実をいうと完成に至るまで何回も失敗し、まるでEPROMの書き換え可能な回数をテストしているようでした。1個あたり20回ほど書き換えて、何ら異常がありません。失敗の原因は書き込みソフトの間違った構造にあり、Windowsの仕組みを勉強し直して解決しました。

⬆遮光シールを貼った2716

　書き込みが済んだEPROMはガラス窓に遮光シールを貼って自然光で消去されることを防ぎます。EPROMがまだ入手可能なのに遮光シールはもう入手困難です。念のため、文具店で売られている紙のシールで代替できないかを調べています。現時点で半年もつことがわかっています。10年もってほしいのですが、あと9年半たたないと事実が判明しません。

⊕ ROMとRAMとアドレスデコーダ

　コンピュータにとってROMは事実上必須のメモリ、RAMは必須のメモリです。徹底的にメモリをケチったAltairはRAMだけを備えます。使い勝手が最悪ですが、それで一応は動きます。普通はROMとRAMを組み合わせて使います。1970年代の一般的なコンピュータは、ROMにプログラムと定数を保持し、RAMに変数とスタックを割り当てました。

　RAMはRandom Access Memoryの頭文字です。ただし、この英語はコンピュータの進化とともに実態と乖離し、もはや実物の特徴を正しく表現していません。現在、RAMの一般的な解釈は「読み書き可能なメモ

リ」であり、加えて「電源を切ったらデータを消失する」という意味合いを含みます。いわば、ROMの長所と短所を裏返したようなメモリです。

RAMは記憶の構造でDRAMとSRAMに分類されます。DRAMは同じ世代のSRAMに比べて容量が4倍、価格が半分です。そのかわり、アドレスマルチプレクスやリフレッシュなどのやや込み入った制御回路を必要とします。SRAMは、そうした回路なしにバスとつながります。ほどほどの容量で間に合う場合は、SRAMのほうがむしろ安く上がります。

マイクロプロセッサが登場する以前、ほどほどの容量でいいという謙虚なコンピュータは存在しませんでした。初期のSRAMはDRAMと同様、プリント基板にたくさん並べられるようにデータを1ビットずつか、せいぜい4ビットずつ入出力するピン配置になっています。SRAMがDRAMと同じ土俵に上ったら利点がなく、当初は傍流のメモリでした。

1979年、日立製作所が2716とピン配置を揃えたSRAM、HM6116を発売しました。HM6116はデータを8ビットずつ入出力するため、基板にたくさん並べなくても、1個で8ビットのバスを埋めることができました。これがマイクロプロセッサとともによく使われたので、以降のSRAMは、同容量のEPROMとピン配置を揃えることが通例になりました。

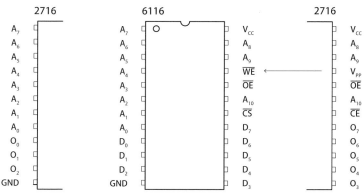

⬆6116と2716のピン配置

CHAPTER● 2 ― ROMライタの製作

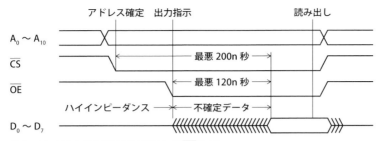

▲6116から読み出す手順（書き込み信号$\overline{WE}$はH）

　HM6116とその同等品を便宜上「6116」と呼びます。6116の書き込み信号$\overline{WE}$は、2716の書き込み用のピンV_{PP}の位置にあります。6116からデータを読み出すとき、$\overline{WE}$はHにします。これは、2716からデータを読み出す手順と同じです。6116へデータを書き込むとき、$\overline{WE}$はLにします。これは、2716だと無効な操作ですが、やっても有害ではありません。

　したがって、コンピュータを組み立てる際、ICソケットを並べ、全部が6116だと想定して配線すれば、あとから6116か2716を選択して挿すことができます。つまり、プログラムの内容に応じ、ROMとRAMの割合をかえられます。たいていのコンピュータはプログラムの内容が固まる前に組み立てを始めるので、よくこういう配線が行われました。

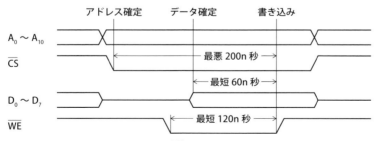

▲6116へ書き込む手順（読み出し信号$\overline{OE}$はH）

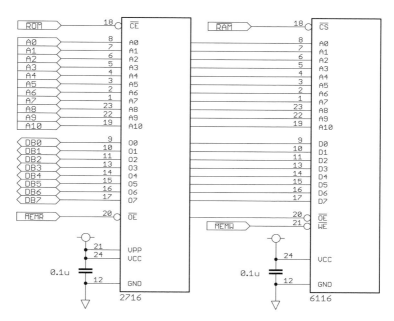

↑メモリまわりの回路

　もっとも、そういう配線の恩恵を受けるのはメモリを3個以上使う構成に限られます。たとえば、8080の場合、最下位アドレスはROMでなければなりません。仮にICソケットをふたつ並べても、最下位アドレス側にROM、もう一方にRAMを挿すことになり、選択の余地がありません。メモリが2個以下の構成なら、それぞれに最適な配線をするべきです。

　8080の試作機は、なるべく簡素に動かしたいので、2716と6116をひとつずつ使います。2716のV_{PP}は主電源の5Vに接続します。6116の$\overline{WE}$は、CPUボードのメモリ書き込み信号$\overline{MEMW}$とつなぎます。前述の「全部が6116だと想定した配線」だと2716のV_{PP}もCPUボードの$\overline{MEMW}$につなぐのですが、そうしないことでCPUボードの負荷を軽減しています。

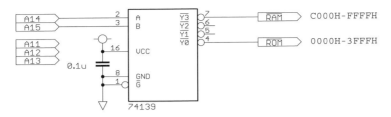

◯アドレスデコーダの回路

　アドレスA_0〜A_{10}、データD_0〜D_7、読み出し信号$\overline{OE}$は単純にバスと接続します。したがって、これらの信号は一様に全部のメモリへ届きますが、チップセレクト$\overline{CS}$（2716は$\overline{CE}$）で選択されたひとつのメモリだけが応答するため、CPUボードと1対1の通信が成立します。選択されなかったメモリは出力を無効とし、消費電力を抑えた状態で待機します。

　メモリの選択信号はメモリと直接つながらないアドレスA_{11}〜A_{15}で作ります。この回路をアドレスデコーダと呼びます。完全なアドレスデコーダはA_{11}〜A_{15}の組み合わせで32本の選択信号を出力します。しかし、将来に渡りメモリを32個も使う予定はありませんから、簡略化して、A_{14}とA_{15}だけで4本を作りました。A_{11}〜A_{13}は無接続としています。

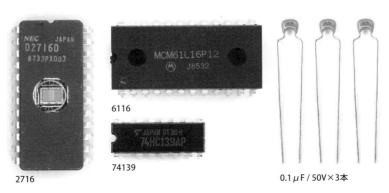

◯メモリまわりの主要な部品

[第2章]伝説のハードウェア

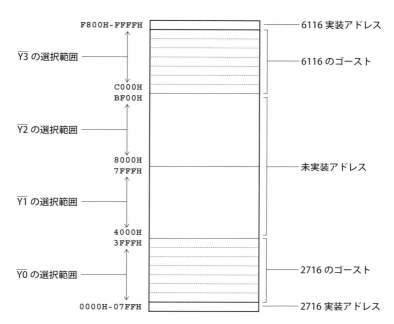

メモリのアドレスマップ

　選択信号をアドレス A_{14} と A_{15} だけで作った場合、ひとつの選択範囲は16Kバイトです。そこへ2Kバイトのメモリを接続すると、余った範囲がゴーストになります。ゴーストとは、メモリを接続したつもりがないのに読み書きできてしまう範囲です。動作に支障はありません。もし支障をきたしたら、ゴーストなんかを読み書きするプログラムが悪いのです。

　アドレスデコーダはTTLひとつ（実際はひとつの半分）で作れます。メモリまわりの部品は、ROMとRAMとTTLと、これらの電源に取り付けるバイパスコンデンサの合計6個です。1枚の基板に組み立てるには部品点数が少なすぎて、CPUボードと見た目のバランスがとれません。あともうひとつ、周辺ICを追加し、全部をまとめて周辺ボードとします。

3 周辺ボードの製作

[第2章]
伝説のハードウェア

⊕ 汎用のコンピュータを構成する825xシリーズの周辺IC

　1974年8月、モトローラが世界で2番めのマイクロプロセッサMC6800を発売しました。MC6800は汎用のコンピュータに応用されることを目指し、プログラマが喜びそうな構造を備えていました。周辺ICは日立製作所が分担し、並行して開発を進めました。そのため、本体こそ8080の後塵を拝しましたが、周辺ICの一式はインテルより早く揃いました。

　8080にとって汎用のコンピュータは、狙ってはいないものの想定される応用のひとつでした。その需要をごっそり持っていかれることを防ぐため、インテルは周辺ICの開発を急ぎました。1975年から1年余りで、汎用のコンピュータに必要な、シリアルとパラレルのインタフェース、インターバルタイマ、DMAと割り込みのコントローラが揃いました。

⬇1976年までに開発を完了した8080の周辺IC

型番	発売	一般名称（インテルの呼称）
8251	1975年9月	シリアルインタフェース（Communication Interface）
8253	1976年2月	インターバルタイマ（Interval Timer）
8255	1975年7月	パラレルインタフェース（Peripheral Interface）
8257	1976年6月	DMAコントローラ（DMA Controller）
8259	1976年9月	割り込みコントローラ（Interrupt Controller）

⬆インテルのシングルボードコンピュータSBC80/20に搭載された8255（改良版）

　パラレルインタフェース8255は1975年7月に発売されました。ハンドシェイク付き8ビットパラレル双方向通信ができて、理論上の最高速で周辺機器とデータのやり取りをします。ただし、そんな通信を必要とする周辺機器が少なかったので、たいていは汎用ポートとして使われました。汎用ポートは最大24本、電圧はTTLレベル、駆動能力は2mAです。

⬆インテルのシングルボードコンピュータ SBC80/20 に搭載された 8251

　シリアルインタフェース 8251 は 1975 年 9 月に発売されました。全二重同期/非同期シリアル通信ができて、データの形式を一般的な選択肢から選べます。通常、非同期、データ長 8 ビット、1 ストップビット、パリティなしに設定して端末の接続に使います。信号は TTL レベルですから、端末との間にもうひとつ、電圧または電流の整合をとる仕組みが必要です。

⬆インテルの8253（左）と8254（右）

　インターバルタイマ8253は1976年2月に発売されました。3本の16ビットタイマ／カウンタを備え、それぞれが、8080に一定間隔で割り込んだり、8251に通信クロックを与えたり、周波数を数えたりします。数えられる周波数は最高5MHzですが、のちに最高10MHzの8254が登場しました。こういう場合に備えて型番がひとつおきに振ってあるようです。

　DMAコントローラ8257は1976年6月に発売されました。4本のチャンネルを備え、それぞれが、メモリと周辺ICの間に入ってデータを転送します。プログラムが介在しないため、転送はとても高速です（プログラムの1命令を読み込む動作は数バイトの転送に相当します）。典型的な応用は、フロッピーディスクの読み書きやディスプレイへの出力です。

　8257には小さな不具合があります。インテルは8257の販売を続けながら、もうひとつ8237を発売しました。8237は、8257の不具合を解消した

⬆インテルの8257同等品（上）と8237同等品（下）

🔽インテルの8259

ほか、メモリどうしの転送など新しい機能を備えます。当時、インテルはAMDと包括的クロスライセンス契約を結んでいました。少々ややこしいのですが、8237は、AMDが設計した8257の上位互換品の同等品です。

割り込みコントローラ8259は1976年9月に発売されました。8本の割り込み入力を備え、それぞれが、割り込み要求を受け付けて呼び出し系の命令、RSTかCALLを挿入します。ちなみに、CPUボードの8238は割り込み入力が1本だけ、挿入できる命令がRST7だけです。機能的にお粗末ですが、周辺ICが1個しかないコンピュータだとこれで十分です。

8080の周辺ICは半導体の構造が後期のNMOS、電源電圧は単一5Vです。急いで作ったせいか構造が単純ですが、見かたをかえれば融通が利くともいえます。実際、MC6800やZ80と組み合わせて使われた例がありますし、やがては8088とともにIBM PCに採用され、つい最近まで現役でした。そのため、現在でも電気街で当然のように販売されています。

⊕ テレタイプライタとコンソールとパソコンの端末ソフト

汎用のコンピュータは、入出力装置として、最低、端末が使えるというのが暗黙の了解です。端末の元祖はテレタイプライタで、これは電動タイプライタと紙テープリーダ/パンチャを一体にしたような装置です。UNIX系のOSが端末のデバイス名をttyとしているのはその名残です。1970年代の代表的なテレタイプライタは、テレタイプのASR33でした。

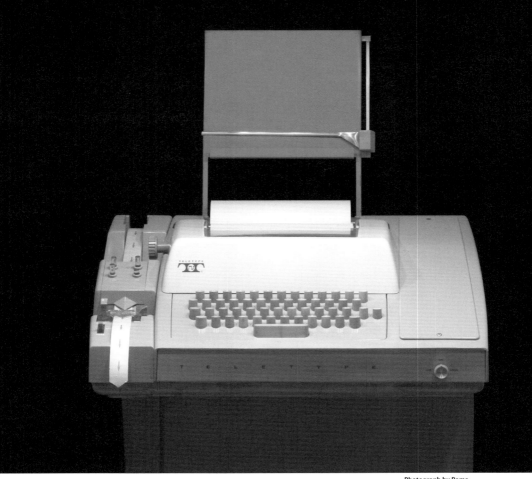

↑1970年代の代表的なテレタイプライタ、テレタイプのASR33　　Photograph by Rama

　　テレタイプライタは1920年ごろ、電話回線を使った文字通信の端末として開発されました。全部の操作がASCIIと呼ばれる制御信号と対応しており、それを音声に変換し、電話カプラを通じて電話回線に流し、相互に遠隔操作する仕組みでした。コンピュータが誕生するよりずっと前の話ですから、コンピュータの端末として作られたわけではありません。

コンピュータが誕生したあと手ごろな入出力装置としてテレタイプライタが選ばれました。以降、次に述べるコンソールが登場するまで、コンピュータの標準的な端末でした。ASR33はそうした状況のもと、電話カプラをオプションにして価格を下げた製品です。ASR33が大文字しか印字できなかったので、当時のプログラマはソースを大文字で書きました。

　1980年代、テレタイプライタにかわって普及した端末がコンソールです。マイクロソフトのOS（MS-DOSやWindowsの「コマンドプロンプト」）が標準入出力のデバイス名をconとしているのはその名残です。コンソールはキーボードとディスプレイを一体にした装置です。テレタイプライタに対する目立った利点は、紙とインクを消耗しないことです。

　コンソールはテレタイプライタのASCIIを巧みに解釈して同等の動作へ置き換えています。たとえば表示は、行送りの制御信号でスクロールし、改ページの制御信号で消去されます。ですから、テレタイプライタがつながっている前提で書かれたプログラムを修正なしに動かせます。ただし、紙テープリーダ／パンチャを対象とする処理は修正が必要です。

🔼 1980年代の標準的なコンソール、DECのVT100

Photo by NoRud

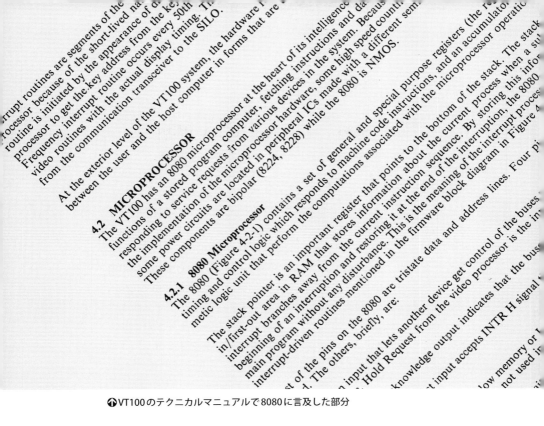

☝VT100のテクニカルマニュアルで8080に言及した部分

　コンソールの代表的な製品はDECが1978年に発売したVT100です。VT100は、8080、8224、8228、8251、TTL、各種のメモリで構成されており、伝統的なコンピュータのメーカーがCPUを買って使った最初の事例となりました。表示のしかたやキーの役割などをカスタマイズできて、あと少しでパソコンですが、そうしなかったのは老舗の意地でしょうか。

　現在、パソコンの端末ソフトは、たいがいVT100をエミュレートします。また、表示をダウンロード／アップロードする機能があれば、それが紙テープリーダ／パンチャの働きに相当します。1970年代のプログラムを動かしてみるのに打って付けなので、端末はパソコンの端末ソフトを使うことにします。当面の目標は、8251でパソコンと接続することです。

⊕ 8251とパソコンの接続

　周辺ICは論理に忠実なコンピュータと下世話な現実の境界に位置し、内側と外側の整合をとります。内側へ向けたピンの働きは周辺ICの型番によらずほぼ共通で、概略、メモリのように取り扱えます。一方、外側へ向けたピンの働きはそれぞれに異なり、コンピュータのことだけよく知っていても使えません。8251の場合、古典的な通信の知識が必要です。

　通信は信頼性が肝腎なので、最大限、慎重に行われます。通信に先立って、相互に相手の準備完了（通信機器の電源が入っていること）を確認します。通信中は、それぞれ相手の送信許可（受信の準備ができていること）を待って送信します。8251は、こうした通信をするのに必要なピンを備えています。パソコンも、こうした通信をする潜在的な能力があります。

　8251とパソコンに共通する通信の方法は俗にいうシリアル（全二重非同期シリアル通信）です。したがって双方をシリアルで接続することになりますが、もはや大半のパソコンがシリアルのコネクタを備えていません。かわりに、USBがCDC（通信装置クラス）に対応しています。ですから、パソコンの側はUSB-シリアル変換をやって8251と接続します。

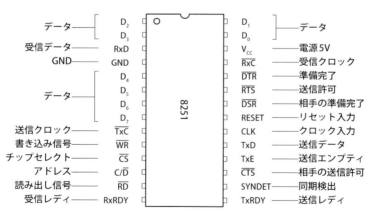

◆8251のピン配置

🔽8251の通信制御信号

信号	方向	役割
$\overline{\text{DTR}}$	送信	相手に準備完了を通知する（Data Terminal Ready）
$\overline{\text{DSR}}$	受信	相手が準備完了を通知している（Data Set Ready）
$\overline{\text{RTS}}$	送信	相手に送信を許可する（Request To Send）
$\overline{\text{CTS}}$	受信	相手が送信を許可している（Clear To Send）
TxD	送信	送信データ（Transfer Data）
RxD	受信	受信データ（Receive Data）
TxC	入力	送信クロック（Transfer Clock）
RxC	入力	受信クロック（Receive Clock）

　USB-シリアル変換にはFTDIのTTL-232R-5Vを使いました。見た目はただのケーブルで、一端をUSBコネクタに挿すと、もう一端にシリアルの信号が現れます。シリアルはTTLレベルですが（本物は±12V）、そのほうが8251と直結できて好都合です。また、相互に準備完了を確認する信号$\overline{\text{DTR}}$と$\overline{\text{DSR}}$が省略されていますが、実用上の不便はありません。

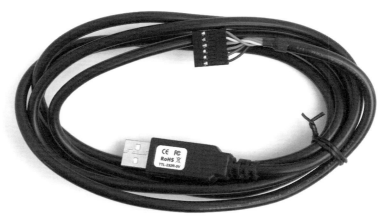

🔽FTDIのUSB-シリアル変換ケーブルTTL-232R-5V

通信用クロックは、通常（プログラムによります）、通信速度の16倍の周波数を送信用入力 $\overline{\mathrm{TxC}}$ と受信用入力 $\overline{\mathrm{RxC}}$ に与えます。送信用入力と受信用入力が区別されているのは同期通信に備えたもので、俗にいうシリアルだと両方を同じ周波数にするのが一般的です。シリアルの最高速度は9600ビット／秒で、通信用クロックの上限は153.6kHzになります。

　通信用クロックは波形に特段の規定がありません。平凡な発振器で動くと思いますが、様子を見て周波数やデューティ比を変更できると便利なので、マイコンを使ってPWMを出力します。マイコンはマイクロチップテクノロジーのPIC12F1822を選びました。PIC12F1822は外付け部品なしにPWMを出力できて、普通の発振器より小型で安上がりです。

⊕ CPUボードと8251の接続

　8251は内部に2本のレジスタを持ち、8080はこれらを読み書きすることで、通信のやりかたを設定したり、送受信を実行したりします。レジスタを読み書きする手順はメモリと同じです。8251は容量が2バイトしかないメモリのような格好で8080と接続します。周辺ICを本当にメモリと同様にアドレス空間へ配置する方法をメモリマップIOと呼びます。

　8080にはもうひとつ広さ256バイトの入出力空間があり、こちらへ配置する方法をIOマップIOと呼びます。この場合、読み書きの制御には $\overline{\mathrm{IOR}}$ と $\overline{\mathrm{IOW}}$ を使います。アドレスは A_0 ～ A_7 だけが有効です。ほかに違いはありません。周辺ICをメモリと混在させると容量が違いすぎてアドレスデコーダが複雑になりますが、IOマップIOなら大丈夫です。

　ちなみに、MC6800はメモリマップIOしかできません。モトローラは、この事実を正々堂々「メモリマップIOをやる」と自慢したので、混乱した当時の雑誌が「メモリマップIOという凄い仕組みを持つらしい」と伝えました。おかげでインテルは、8080のユーザーズマニュアルに「8080でもメモリマップIOができる」と書き加えるハメになりました。

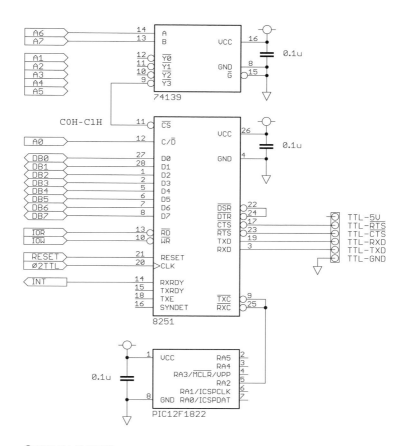

↑8251まわりの回路

　IOマップトIOは周辺ICがひとつならアドレスデコーダが不要です。現状はひとつですが、将来、追加できないのは困ります。お誂え向きにメモリのアドレスデコーダがTTLを半分余らせています。残りを使い、A_6とA_7から4本の選択信号を作りました。8251は最上位の選択信号で選択し、レジスタはA_0で選択します。アドレスはC0HとC1Hになります。

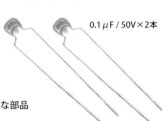

8251

6Pin Header

0.1μF / 50V×2本

PIC12F1822

◆8251まわり（アドレスデコーダを除く）の主要な部品

　8251は送信用レジスタが書き込み可能なときTxRDYをHとし、受信用レジスタが読み出し可能となるときRxRDYをHとします。これらの信号は事実上の割り込み要求です。CPUボードは割り込み入力が1本だけなので、RxRDYをつなぎます。送信はいつでも実行できますが、受信は相手の都合に合わせる必要があり、割り込みで実行するのが能率的です。

　8251のAなし版がCPUボードの速度に追随できるかどうかを確認するのはたいへんです。タイミングチャートのあちこちに細かな規定があり、全部を確認するとしたら波形の実測が必要です。A付き版は規定が少なく、また同世代のSRAM並みに高速です。A付き版が動くことは確実なので、Aなし版は「あとで動かしてみる」という方法で確認します。

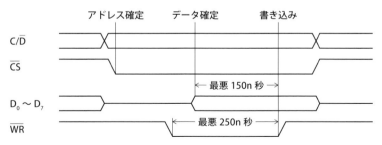

◆8251が要求する書き込みの手順（8251Aのタイミング）

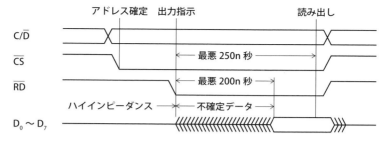

●8251が要求する読み出しの手順（8251Aのタイミング）

　興味深いことに、8251はチップセレクト$\overline{CS}$で選択（アドレス確定）してから読み書き可能となるまでの時間を検討する必要がありません。メモリの場合は選択されていないとき消費電力を抑えた状態で待機しており、選択されたあと立ち上がりに時間が掛かりますが、8251にはそういう仕組みがなく、いつでもOKなので、選択されてすぐ反応します。

⊕ メモリと8251で構成する周辺ボードの製作

　CPUボードがコンピュータとして動作するのに足りない要素、すなわち、ROMとRAMと端末のインタフェースを周辺ボードにまとめます。周辺ボードはCPUボードと同じく感光基板でプリント基板を作り、取り付け穴の位置と端子のピン配置を合わせます。このふたつをスペーサで重ね、端子を平行ケーブルでつなげば、ついにコンピュータの完成です。

　周辺ボードに乗るのは、2716、6116、8251と関連の部品です。主要なICの主要なピンは、バスでほぼ並列につながります。こういう回路は、プリント基板の密度を少し上げてやるとだいたいのピンがパターンでつながり、電線の配線が激減します。電線の配線が苦にならないとしても、減らせるものは減らすべきですから、プリント基板の製作を頑張ってみます。

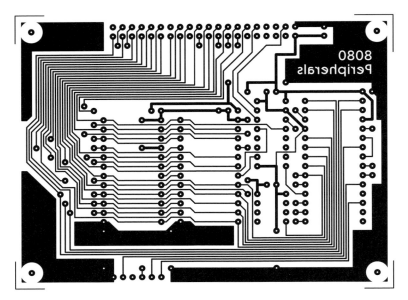

⬆周辺ボードのプリント基板の原稿（原寸）

　周辺ボードのプリント基板は、パターンの密度が0.1インチあたり最大4本、ピンの間は1本だけとおしていいことにします。CPUボードのルールに比べると2倍の精度にあたり、作り手の腕前が試されます。だからといって、精度を2倍に上げるうまい方法はありません。とにかく精一杯やってみて、仕上がりの確認に2倍の手間を掛けることにします。

　感光は直射日光で1分、現像は直感です。エッチングは、普段だと十分な時間をおいて終わったころに確認しますが、3分おきに進み具合を調べ、ぴったり出来上がったところで切り上げました。見た感じ、仕上がりは上々です。しかし、このいわゆる目視検査は「上々であってほしい」と願う気持ちのバイアスが掛かっていますから、あまりアテになりません。

　引き続きテスタを当てて配線のテストをします。つながっているべき2点がちゃんとつながっているかどうかはすぐわかります。離れているべきところがちゃんと離れているかどうかは、際限なくテスタを当てることになり、この方法で調べるのは無理です。隣り合うパターンが離れていることだけ確認し、あとは顕微鏡を覗いてパターンを追いました。

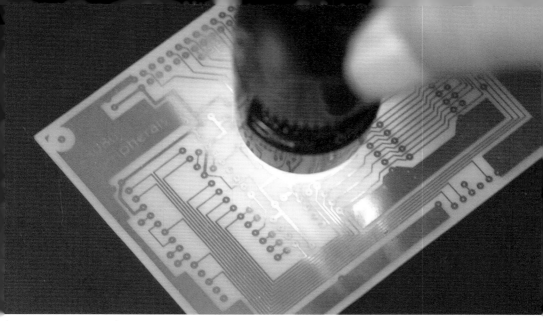

⬆顕微鏡でプリント基板のパターンを調べている様子

　世の中には知らないほうがいいことがあるものです。肉眼で上々に見えたパターンは、顕微鏡だと、ところどころザラついています。製作の工程を遡って調べると、インクジェットプリンタで印刷したフィルムに、もうドットの隙間ができています。とはいえ、配線には影響がなさそうです。ハンダを乗せれば埋まるでしょうから、このまま製作を進めます。

◉パターンの曲がり角　　　　　　◉ランドの周辺

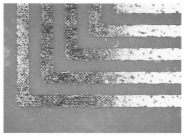 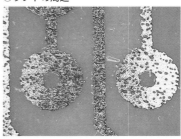

⬆プリント基板のザラついた部分

⬆周辺ボードの部品面

　周辺ボードは、バスの信号さえうまく並んでいれば、あらかたの部品が平行なパターンでつながります。ところが、バスの信号はCPUボードの都合で並んでいますから、パターンの引き回しに困ります。そこで、ジャンパを使って信号を並べ替えてから引き回しました。部品の配置が中心を外れ、空いたスペースにジャンパが集中してるのはそのせいです。

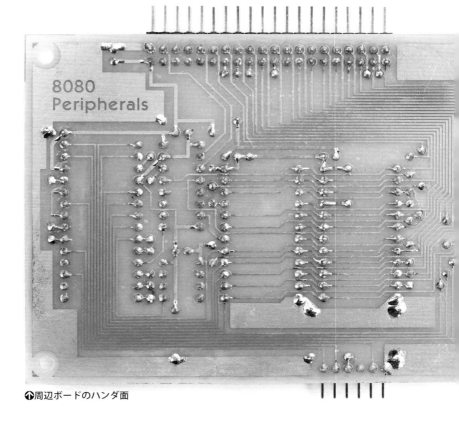

↑周辺ボードのハンダ面

　パターンの引き回しで試行錯誤しているうちにやや混乱し、2箇所、おかしなことをやっています。第1に、ジャンパの1本が2716の底にあります。部品の取り付け順序を間違えると組み立てが完了しません。第2に、端末を接続する端子が、なぜか8251から離れた位置にあります。これは、ただ8251のほうへズラすだけで、パターンが5cmほど短くなります。

　プリント基板のパターンが込み合っているため、ハンダ付けでも神経を使います。ランドには適量のハンダを盛る必要がありますが、その隙間をすり抜けるパターンへ乗らないように注意しなければなりません。緊張して何回もやり直すとハンダのしぶきが飛んで、平行に引き回したパターンをショートさせます。製作の工程は終始一貫して最高難度です。

●修正前　　　　　　　　●修正後

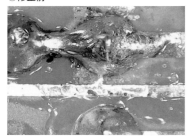
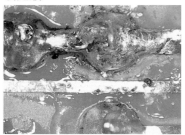

⬆ハンダ付けのショートが見付かった部分

　ハンダ付けした部分は周辺のパターンにテスタを当ててショートしていないことを確認しました。驚いたことに、目視検査で自信を持って大丈夫と判断したところが1箇所、ショートしていました。顕微鏡を覗くと確かに少量のハンダでつながっています。作業のあとの確認は、自信のレベルをグッと下げて、謙虚な姿勢で取り組まなければいけません。

[第3章]
伝説のソフトウェア

1 8080の開発環境

[第3章]
伝説のソフトウェア

⊕ 標準開発支援装置INTELLEC8/MOD80

　プログラマから見た8080の構造は、MC6800に比べると、やや雑駁だといわれます。それは、ある程度、事実です。しかし、現実に多くのプログラマはMC6800でなく8080を選びました。なぜなら開発環境が充実していたからです。当時のプログラマが重視したのは、レジスタや命令体系の小さな差より、使える開発支援装置と開発ツールがあることでした。

　インテルは8080の発売とほぼ同時にオールインワンの開発支援装置、INTELLEC8/MOD80を提供しました。これは、概略、8080で動く汎用のコンピュータです。ROMは2Kバイト、RAMは8Kバイト、シリアルインタフェースがあってテレタイプライタがつながります。加えて、EPROMの書き込み装置を備え、単体でプログラムの開発とテストができました。

　ROMにはモニタを記憶しており、電源を入れるとすぐ起動して、テレタイプライタの操作を受け付けます。この状態から、プログラムの実行、メモリやレジスタのダンプ、紙テープの読み書き、EPROMの書き込みなどができます。開発ツールは、エディタとアセンブラが紙テープで同梱されました。これらは、モニタでRAMに読み込んで動かしました。

　マイクロプロセッサの開発工程が伝統的なコンピュータと異なるところは、まず、コンピュータを作らなければならないことです。ときには、プログラムを開発しながらサイズを見てメモリを加減することもあります。INTELLEC8/MOD80はコンピュータとして確実に動作し、また、構成を柔軟に変更できることから、開発工程が大幅に短縮されました。

INTELLEC SYSTEMS
INTELLEC® 8/MOD 80
MICROCOMPUTER DEVELOPMENT SYSTEM

- Complete Hardware/Software Development System for the design and implementation of 8080 CPU based microcomputer systems.

- Front panel designer's console provides complete system control and monitoring functions.

- 8K bytes of random access memory (RAM) expandable to 16K bytes.

- 2K bytes of erasable and field programmable read only memory (PROM) expandable to 16K bytes.

- Self-contained PROM programming facility with zero insertion force PROM socket.

- Four 8-bit input and four 8-bit output ports.

- Integral asynchronous serial data communications capability at 110, 1200, or 2400 baud.

- Discrete teletype interface (20mA current loop).

- Standard system software includes a PROM resident system monitor, RAM resident macro-assembler and RAM resident text editor.

- Expansion capability provided for up to 16 standard or custom designed microcomputer modules.

The Intellec 8/MOD 80 (imm 8-84A) is a complete, self-contained microcomputer development system designed specifically to support the development and implementation of 8080 CPU based microcomputer systems. Its modular design facilitates the development of both large and small MCS-80 systems.

The basic Intellec 8/MOD 8 consists of seven standard microcomputer modules (CPU, RAM, PROM, I/O, PROM Programmer, Front Panel Control) and power supplies enclosed in a finished table top cabinet. The heart of the system is the imm 8-83 central processor module built around Intel's 8080 high performance n-channel 8-bit CPU on a single chip.

The Intellec Development System directly supports up to 16K of memory, four to sixteen input ports, four to twenty-eight output ports, and provides expansion capability for custom designed microcomputer modules within the system chassis.

External expansion enclosures may be designed to support up to 64K of memory, 256 input ports and 256 output ports.

The front panel designer's console provides an easy means of monitoring and controlling system operation, manually moving data to and from memory and input/output devices, setting hardware breakpoints, and executing or debugging programs.

The Intellec 8/MOD 80 has 10K bytes of memory in its basic configuration which can be expanded to 16K bytes within the system chassis. Of the basic 10K bytes of memory, 8K bytes are random access read/write memory located on two imm 6-28 RAM memory modules. This memory can be used for both data and program storage. The remaining 2K bytes of memory are located on the imm 6-26 PROM memory module and contain the Intellec 8/MOD 80 system monitor in eight Intel 1702A erasable and field programmable read only memory chips. Eight additional sockets (2K bytes) are available on the imm 6-26 for expansion.

The PROM and RAM memory modules may be used in any combination to make up the 16K of directly addressable memory housed in the system chassis. Facilities are built into these modules so that combinations of RAM, ROM or PROM may be mixed in 256 byte increments.

The self-contained PROM programming module allows Intel® 1602A or 1702A PROMs to be programmed and verified directly from RAM or PROM memory.

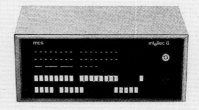

①インテルの直販カタログに掲載された INTELLEC8/MOD80 の紹介

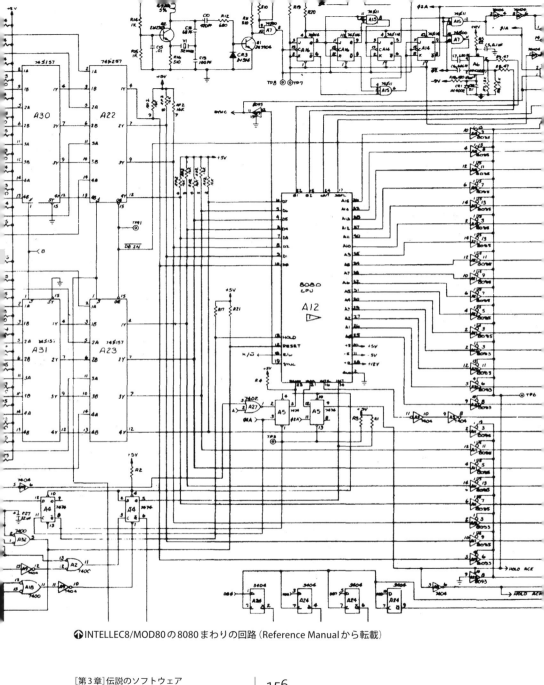

⬆INTELLEC8/MOD80の8080まわりの回路（Reference Manualから転載）

INTELLEC8/MOD80の元祖は、MCS-4の開発支援装置、INTELLEC4です。MCS-4はプログラムを開発する段階でやや込み入った回路を組み立てる必要があります。インテルは当初から数点の断片的な開発ツールを提供しましたが、MCS-4の評判が広がるにつれてサポートに忙殺される事態を招き、オールインワンの開発支援装置が必要と判断したのです。

　INTELLEC4は、8008の発売に当たってINTELLEC8に作りかえられ、8080の発売に当たってINTELLEC8/MOD80に更新されました。8080の開発環境がいち早く整備されたのは、こういう土壌があったからです。雑駁な8080をMC6800より多く売るために整備を急いだのではありません。ここまで一連の経緯は、すべてMC6800が発売される前の話です。

　ちなみに、INTELLEC8/MOD80は10箇月あとに登場するAltairの姿を、もう実現しています。価格は2395ドルで、Altairに関連のボード類を取り付けた積算と大差がありません。こういうものがありながら大騒動に発展しなかったのは、販路がインテルの直販に限られ、ホビイストの目に触れなかったからです。そうでなければ、歴史がかわっていました。

　一方、AltairがINTELLEC8/MOD80の設計を真似た可能性は、よく指摘されるところです。確かに、LEDとスイッチが並んだフロントパネルや100端子のスロットにボード類を挿した造りがそっくりです。しかし、双方の回路図に明確な類似点は見当たりません。端子の信号が行き当たりばったりで並んでいることからも、Altairは独自の設計だと思います。

⊕ インテルとゲイリー・キルドールの出会い

　インテルでマイクロプロセッサの開発を担当する部署は、8080が成功を収めるまで、数人の所帯でした。上層部の関心はマイクロプロセッサよりメモリにあって、日常の仕事のやりかたは彼らの判断に任されていました。情報の流出に対する備えはなく、意識も希薄で、たとえば、何かしら問題を抱えたプログラマが訪ねてくれば親切に招き入れました。

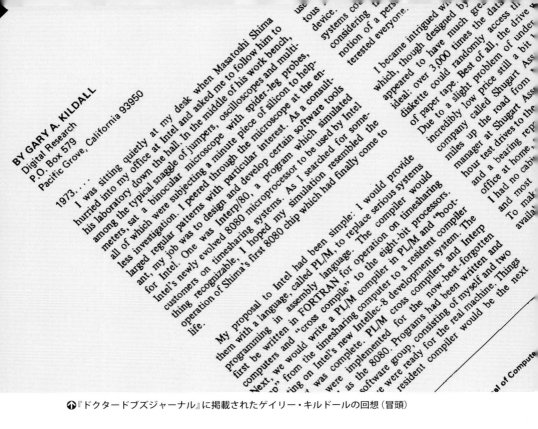

◐『ドクタードブズジャーナル』に掲載されたゲイリー・キルドールの回想（冒頭）

　インテルにたびたびやってきたプログラマのひとりがゲイリー・キルドールです。彼はMCS-4の発売を知って興味を惹かれ、資料を頼りに小さなプログラムを書きました。実物はなく、動くかどうかを確かめられないので、最初、機材を借りにインテルを訪ねたのです。以来、いろいろなプログラムを作っては入り浸り、技術者たちと顔見知りになりました。

　彼が持ち込むプログラムはよく意表を突いた命令の使いかたをしていて技術者たちを驚かせました。インテルはマイクロプロセッサの設計や販売に当たって彼の視点が役に立つと考え、折りに触れ、意見を求めるようになりました。当初、厄介者の扱いだった彼は、やがて、ささやかな報酬と席を与えられ、コンサルタントのような立場に収まりました。

[第3章]伝説のソフトウェア

そんな経緯でゲイリー・キルドールはインテルの次の製品8008を最初に手にしたプログラマとなりました。8008は物理的な構造に批判があったものの、プログラマから見れば普通のCPUでした。彼は、8008の命令体系でひとかどのプログラムが書けると判断し、高級言語のコンパイラを作るべきだと進言しました。インテルは、その開発を彼に任せました。

　当時の流行りはPL/Iでした。PL/Iは、プログラムの生産性を上げるために唯一の理想的な高級言語を作ろうという、今にして思えばやや青臭い思想から生まれました。フルセットはIBMのコンピュータで動きました。また、サブセットをミニコンで動かす試みが何件か成功していました。たとえば、コーネル大学のPL/C、トロント大学のSP/8などです。

　1972年、ゲイリー・キルドールは8008の機械語を生成するPL/Iのサブセット、PL/Mをミニコン（PDP-10だと思われます）で動かしました。PL/MはFORTRANで書かれ、簡略化したとはいえ、ソースが6200行、バイナリが90Kバイトでした。計画では次にINTELLEC8で動かすはずでしたが、それはとても無理でした。しかし、すぐ明るい情報に接します。

　『ドクタードブズジャーナル』1980年1月号に掲載されたゲイリー・キルドールの回想は、試作した8080のダイを見てほしいと嶋正利が誘いにくる話で始まります。ゲイリー・キルドールはインテルの次の製品、8080についても早い段階から関与し、その詳細を知らされていました。8080は8008の性能を大きく上回り、PL/Mを動かせる可能性がありました。

⊕ フロッピーディスクのコントロールプログラム

　ゲイリー・キルドールは8080の開発と並行して、まずミニコンのPL/Mが8080の機械語を生成するように修正しました。次に、ミニコンで動く8080のシミュレータInterp/80を書き上げました。これで、当面の仕事が片付きました。続いて、彼の個人的な関心から、出来上がったばかりのINTELLEC8/MOD80でPL/Mが動かせるかどうかを検討しました。

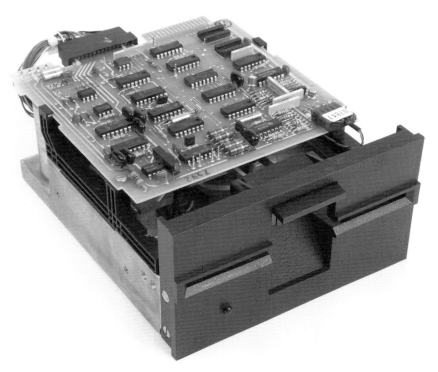

↑シュガートアソシエイツの最初の製品SA400

　8080は8008の4倍にあたる64Kバイトのメモリがつながります。これは、PL/Mの全体を読み込んでいっぺんに動かそうとすると、やはり、十分な大きさではありません。しかし、紙テープにかわる高速な記憶装置を取り付け、断片的に読み込んで少しずつ動かせば、どうにかなりそうだと推測されました。それができる記憶装置にも心当たりがありました。

　1971年、IBMのアラン・シュガートが8インチのフロッピーディスクを発明しました（ドクター中松こと中松義郎が発明者を名乗っていますがIBMは否定しています）。彼は、1973年、IBMを退職してシュガートアソシエイツを設立し、1976年、8インチのフロッピーディスクと同じ原理で動き、小型で安い、5.25インチのミニフロッピーを完成させました。

シュガートアソシエイツはインテルから数マイルのところにありました。ゲイリー・キルドールはミニフロッピーが完成する少し前、その噂を耳にして、以前、不躾にインテルを訪ねたように、シュガートアソシエイツを訪ねました。あわよくば発売前のドライブをひとつ買って帰るつもりでしたが、それはまだ耐久テストの段階にあり、さすがに無理でした。

　彼は、粘ったあげく、ベアリングが磨耗して動かなくなった試作品のドライブと交換用のベアリングをもらい受けました。ベアリングはどうにか交換しました。しかし、ハードウェアが大の苦手だったので、ドライブをINTELLEC8/MOD80につなぐインタフェースが作れませんでした。それは、古くからの友人、ジョン・トロードに作ってもらいました。

　1975年、ゲイリー・キルドールはINTELLEC8/MOD80でミニフロッピーを制御する原始的なOSを完成させ、CP/Mと名付けました。これで、PL/MをINTELLEC8/MOD80で動かす目途が立ちました。あともう少し、CP/MとPL/Mを洗練する必要がありました。彼はその開発をインテルに申し出ました。ところが、インテルはそれを了承しませんでした。

　インテルが了承しなかった理由は諸説あります。説得力を持つ見解は、あらゆるコンピュータでいちばん非力なINTELLEC8/MOD80に高価なRAMを64Kバイト（4800ドル相当）も増設する提案がバランスを欠いたというものです。一方、ゲイリー・キルドールは、8080が売れすぎてインテルの体制が混乱し、なかなか結論が出なかったのだと述べています。

⊕ 80系マイクロプロセッサの標準OSとなったCP/M

　ジョン・トロードは、ゲイリー・キルドールに頼まれてミニフロッピーのインタフェースを作ったあと、この仕事に商機を見付け、デジタルシステムズを設立して特注品の製造を請け負いました。OSはCP/Mを使うということで話が付いていました。ゲイリー・キルドールは、同社へ注文が入るたびに、CP/Mを特注品へ移植する作業に追われました。

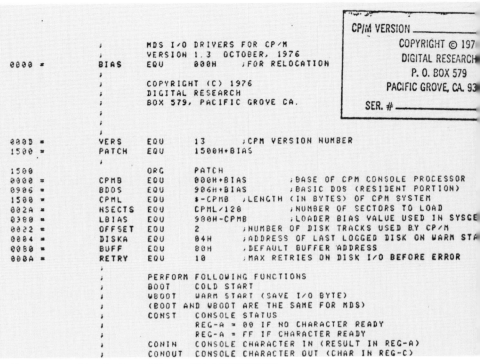

🔼 CP/M1.3のBIOSのリスティング（マニュアルより冒頭を転載）

　この経験でゲイリー・キルドールはCP/Mの融通が利かない構成を痛感し、改良に取り組みました。まず、システムに依存する働きをBIOS（基本入出力システム）に集め、注文に応じて修正が必要な部分と不要な部分を分離しました。次に、アセンブリ言語の開発ツールを揃え、CP/MのもとでBIOSを修正して別のシステムへ移植できる環境を作りました。

　1976年、合理的に再構成されたCP/M（バージョン1.3）が完成しました。このとき、インテルは8080の新しい開発支援装置、INTELLEC MDSとコンソールと8インチのフロッピーディスクを発売していました。ゲイリー・キルドールは、その一式で動くCP/Mを原版と位置づけ、ほかのシステムについては、原則、顧客に移植してもらう方針をとりました。

同じ年、MITSはAltairにつながる8インチのフロッピーディスクを発売し、マイクロソフトの拡張BASICでサポートしました。IMSアソシエイツもIMSAIにつながるミニフロッピーを作りましたが、サポートする魅力的なソフトウェアがありませんでした。そこで、既存のソフトウェアを調査し、将来性が見込まれたCP/Mのライセンスを取得しました。

　複数の資料から推測して、IMSアソシエイツはINTELLEC MDSを所有していたものと思われます。ゲイリー・キルドールはCP/Mの原版を渡し、あとの作業を任せました。ライセンスは売り切りで、今後、どのシステムにいくつ移植してもいいという契約でした。IMSアソシエイツは移植したCP/MをIMDOSと名付け、自社の製品として販売しました。

　IMSアソシエイツとの契約でゲイリー・キルドールは25000ドルの不労所得を手にしました。こういう注文ならいくらきてもいいと考え、デジタルリサーチを設立して雑誌に広告を出しました。INTELLEC MDSを持っていることが条件なので、すぐ飛ぶように売れたわけではありません。しかし、少なくともCP/Mの名前を表に出す役割は果たしました。

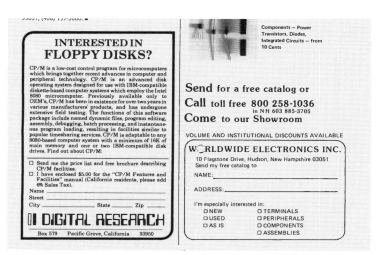

⬆『バイト』1976年12月号に掲載されたCP/Mの広告（左の囲み）

1977年はミニフロッピーが花開いた年でした。周辺機器のメーカーはシュガートアソシエイツから仕入れたドライブと独自のインタフェースをセットで販売し、物理的には、すべてのコンピュータがミニフロッピーに対応しました。一方、ソフトウェアは、AltairとIMSAIで動くBASICやOSが提供されましたが、それ以外はほったらかしになりがちでした。

コンピュータの販売店はミニフロッピーがつながるのにソフトウェアがないコンピュータのためにCP/Mを移植して販売しました。デジタルリサーチは1コピーあたり45ドルで卸し、販売店の売り値は70ドルでした。参考までに紹介しておくと、マイクロソフトの拡張BASICは350ドルでした。この年、移植されたCP/Mは約250種類にも及びました。

1978年はパソコンが普及した年でした。前年に登場したコモドールのPET、アップルのApple II、タンディのTRS-80などに押され、AltairとIMSAIが販売台数を下げました。コンピュータの人気は分散し、飛び抜けた製品がなくなりました。一方、CP/Mは堅実に売れ、ソフトウェアのメーカーにとって魅力的なプラットフォームへと成長を始めました。

CP/Mのアプリケーションは開発ツールを中心に充実していきました。たとえば、マイクロソフトはBASIC-80（実売299ドル）、BDソフトウェアはBDS C（同145ドル）、マイクロプロはフルスクリーンエディタWordMaster（同145ドル）を発売しました。CP/Mは、差し当たり8080の開発環境として、インテルの製品にかわり、業界標準となりました。

⊕ CP/Mのもとで動作するアプリケーション

1979年、デジタルリサーチは実質的に最終版となるCP/M（バージョン2.2）を発売しました。機能は同じです。違うのは、価格が150ドルに改訂されたこと、そして、以前の版がBIOS以外をPL/Mで書いていたのに対し、この版は、原則、全部がアセンブリ言語となったことです。そのため、バグや弱点が発覚しても顧客の手もとで更新することができました。

⬆Apple ⅡでCP/Mを動かすSoftcardのZ80付近 Photo by AppleIIGuy.info

　この時点でAltairとIMSAIはもう会社ごと消滅しており、その遺産ともいえるボード類がSol-20など一部の互換機を支えていました。ですから、8080は、どうにか現役でした。かわってTRS-80などが売れ行きを伸ばし、マイクロプロセッサの主流はZ80に移りました。Z80は8080のプログラムを実行できるので、いずれにしろ、CP/Mの土台は盤石でした。

　1980年はCP/Mの絶頂期となりました。その状況を象徴する製品がマイクロソフトのSoftcardです。SoftcardはAppleⅡをZ80マシン変貌させるプラグインカードで、CP/MとBASIC-80を同梱して350ドルでした。同社は、商売敵のOSを販売した格好になります。Apple ⅡのBASICを絶賛していた人たちがCP/Mを受け入れたことにも驚かされます。

◐日本電気PC-8000シリーズ用CP/Mシステムディスク

　メモリは暴落的に価格を下げ、32Kバイトあたり200ドル以下になっていました。おかげで、メモリを湯水のように使う高級言語のコンパイラが商品として成立しました。代表例に、マイクロソフトのFortran-80（実売425ドル）、同COBOL-80（同700ドル）、ソーシムのPascal/M（同175ドル）、ホワイトスミスのWhitesmiths C（同630ドル）があります。

　ちなみに、インテルはかつてゲイリー・キルドールが提案したとおり、INTELLEC MDSと64Kバイトのメモリと8インチのフロッピーディスクで動くPL/Mを発売しました。OSは独自のISISです。ゲイリー・キルドールはもうインテルのコンサルタントではなかったので、この仕事に関係していません。PL/Mへの思いは、5年前に断ち切っていました。

CP/Mのアプリケーションで開発ツールの次に目立ったのはビジネスツールでした。このころ、後世に名を残す、マイクロプロのワープロソフトWordStar（実売259ドル）、同Starシリーズのユーティリティ、ソーシムの表計算ソフトSuperCalc（同249ドル）、アシュトンテイトのデータベースマネージャdBASE II（同599ドル）などが発売されています。

　デジタルリサーチの極東総代理店はマイクロソフトウェアアソシエイツでした。同社を通じ、日本電気のPC-8000シリーズ、シャープのMZシリーズ、同X1シリーズ、沖電気のIF800シリーズ、エプソンのQC-10/20、東芝のPASOPIAシリーズなどにCP/Mが供給されました。富士通のFMシリーズもZ80カードを取り付けることでCP/Mが動きました。

　しかし、日本のCP/Mは為替レートや輸入手数料の関係で、価格が7万円近くになりました。また、日本ではミニフロッピーのドライブが30万円前後、メモリが32Kバイトあたり5万円前後しました。ホビイストには手が届かず、もっぱら業務用の開発環境として使われました。たとえば、タイトーのスペースインベーダーがCP/Mのもとで開発されています。

　パソコンの総数に対するCP/Mの導入率は、アメリカで約20％、日本では1％未満だったといわれます。日本のことはさておき、アメリカの稼働数はTRS-80やApple IIの設置数を上回り、相応の影響力と存在感を持ちました。その結果、パソコンでも伝統的なコンピュータと同様に、ソフトウェアをOSとアプリケーションで構成する形態が浸透しました。

⊕ デジタルリサーチの頂点とどん底

　CP/Mが普及の勢いを増していた1979年、インテルが16ビットのマイクロプロセッサ、8086/8088を発売しました。そのうちの8088で、IBMがパソコンを作ろうと計画していました。OSはデジタルリサーチにCP/Mの8086/8088版を作ってもらう想定でした。IBMのパソコンは売れることが目に見えており、それはデジタルリサーチにとってもいい話でした。

◐IBM PCと主要な周辺機器（『バイト』1982年1月号に掲載された広告の一部）

　ところが、IBMとデジタルリサーチの契約は成立しませんでした。ある資料によれば、IBMが交渉のためにデジタルリサーチを訪れたとき、ゲイリー・キルドールは趣味の自家用飛行機で上空を散歩していて、かわりに応対した妻が追い返したとされます。確かに、ホビイストの間でこのエピソードは長く語り継がれているのですが、脚色が行きすぎです。

　デジタルリサーチの社長はゲイリー・キルドールの妻でした。IBMは交渉に先立ち、彼女に守秘義務合意書へのサインを求めました。その内容は「交渉の過程で知ったことを製品化してはならない」というものでした。一見、もっともな話ですが、もし偶然、デジタルリサーチがIBMと同じ製品を開発していたら、それは発売できなくなってしまうのです。

彼女は守秘義務合意書へのサインを保留し、IBMにいったんお引き取りを願いました。このとき、ゲイリー・キルドールは納品のためにシリコンバレーの販売店を訪れていました。妻からことの成り行きを聞き、彼は飛行機で取って返しました。翌日、改めてIBMに交渉の機会を持ちたいと連絡しましたが、IBMはもう次の候補と交渉を始めていました。

1981年、IBM PCが発売され、予想どおりの人気を博しました。OSは、マイクロソフトのMS-DOS（PC DOS）でした。デジタルリサーチは、またとない成長の機会を逃しました。損害を被ったわけではありません。しかし、競争の激しいコンピュータの業界で生き残るには、ひとつふたつ幸運を掴む必要があったのです。以降、同社は衰退の一途を辿ります。

1991年、デジタルリサーチはノベルに買収されました。1995年、ノベルはOSの所有権をSCOに売却しました。1998年、SCOはOSの所有権をカルデラに売却しました。1999年、カルデラの組み込みOS事業が独立してリネオが設立されました。そうこうしているうちに、あろうことか、CP/Mの正当な所有社がどこなのかわからなくなってしまいました。

CP/Mはもう商品価値を失っていて、問題は、趣味や研究目的で使いたい人がどこに了解をとればいいかわからないことだけでした。そこで、関係者が話し合い、所有社をリネオとした上で、リネオがThe Unofficial CP/M Web site（http://www.cpm.z80.de）に寄贈し、無償の配布を認めました。2001年、CP/Mは事実上のフリーウェアとなりました。

これ以降、アメリカでは商品価値を失ったソフトウェアが何らかの形で公開されるようになりました。いちばん有名なのがコンピュータ歴史博物館（http://www.computerhistory.org/）です。ここでは、マイクロソフトのMS-DOS2.0とWord1.1、アップルのApple II DOSとQuickDrawとMacPaint、アドビのPhotoshop1.0などが公開されています。

2 フールオンザヒル

[第3章]
伝説のソフトウェア

⊕ CP/Mの開発ツールでテストプログラムを作る

　8080の開発環境は現在でもCP/Mが最強です。自作したコンピュータのプログラムはCP/Mのもとで開発することにします。もうCP/Mが動くコンピュータがありませんが、CP/Mエミュレータがあります。現在のパソコンで動かすCP/Mエミュレータは本物のCP/Mより便利です。メモリを存分に使えますし、たいがい本物の数百倍の速度で動きます。

　CP/Mエミュレータはいくつかあり、製作例で使ったのは村上敬司がフリーウェアとして公開しているCP/M program EXEcutor for Win32です。これはWindowsの「コマンドプロンプト」でCP/Mのアプリケーションを実行します。本物の見た目や操作性まで忠実に真似るものではありません。忠実すぎないがゆえに、ファイルのやり取りが簡便です。

　CP/Mのアプリケーションは、CP/M program EXEcutor for Win32で実行するとWindowsの流儀でファイルを取り扱います。たとえば、標準のアセンブラASM.COMはWindowsのエディタで書いたソースをアセンブルします。また、ASM.COMが作成したインテルHEX形式のファイルをWindowsの書き込みソフトなどで、直接、開くことができます。

　手始めに、自作したコンピュータのテストプログラムを書いてみます。最低、端末から入力した文字をエコーバックできれば、この何十年か部品店の倉庫で眠っていたIC類がすべて正常に動作したといえます。設計と製作もほぼ成功したことになりますが、単純な入出力だけだと割り込みの配線を確認できないので、端末からの入力に割り込みを使います。

⬇ テストプログラムのソース TEST80.ASM

```
;           TEST80.ASM
;           KEYIN / ECHO TEST PROGRAM
;           FOR 8080 + 8251
;
UARTRD  EQU     0C0H            ;8251のデータレジスタのアドレス
UARTRC  EQU     0C1H            ;8251のコントロールレジスタのアドレス
;
;           RESET VECTOR
            ORG     0000H           ;リセット解除後0000Hから開始
;
;           COLD START
;           SYSTEM INITIALIZE
CSTART:
            LXI     SP,0000H        ;スタックポインタを設定
            MVI     A,00H           ;メモリや8251への転送はAを経由
            STA     RBFCNT          ;バッファのデータ数を0に設定
            STA     RBFRDP          ;バッファの読み出し位置を0に設定
            STA     RBFWTP          ;バッファの書き込み位置を0に設定
            OUT     UARTRC          ;8251をコマンド受け付け状態へ変更
            OUT     UARTRC          ;念のためにもう一度
            OUT     UARTRC          ;念のためにもう一度
            MVI     A,01000000B     ;8251への転送はAを経由
            OUT     UARTRC          ;リセットコマンドを転送
            MVI     A,01001110B     ;8251への転送はAを経由
            OUT     UARTRC          ;通信方式を設定
            MVI     A,00110111B     ;8251への転送はAを経由
            OUT     UARTRC          ;送信と受信を有効に設定
            EI                      ;割り込みを許可
            JMP     MAIN            ;MAINへ分岐
;
;           DATA TRANSFER SUBROUTINE
;           A -> 8251
PUTCHR:
            PUSH    PSW             ;A（データ）とフラグをスタックへ退避
PCLOP1:     IN      UARTRC          ;8251のステータスをAに転送
            ANI     00000001B       ;ステータスの送信可能ビットを検査
            JZ      PCLOP1          ;送信可能でなければ繰り返す
            POP     PSW             ;Aとフラグをスタックから復帰
            OUT     UARTRD          ;Aを8251へ転送
            RET                     ;サブルーチンを終了
;
```

```
;       RST7 VECTOR
        ORG     0038H           ;割り込みで0038Hが呼び出される
;
;       INTERRUPT SERVICE ROUTINE
;       8251 -> BUFFER
        DI                      ;割り込みを禁止
        PUSH    PSW             ;Aとフラグをスタックへ退避
        PUSH    B               ;BとCをスタックへ退避
        PUSH    D               ;DとEをスタックへ退避
        PUSH    H               ;HとLをスタックへ退避
        IN      UARTRC          ;8251のステータスをAに転送
        ANI     00000010B       ;ステータスの受信可能ビットを検査
        JZ      INTEXT          ;受信可能でなければ終了処理へ分岐
        IN      UARTRD          ;8251のデータをAに転送
        MOV     D,A             ;データをAからDに転送
        LDA     RBFCNT          ;バッファのデータ数を取得
        CPI     0FFH            ;バッファの空きを検査
        JZ      INTEXT          ;空きがなければ終了処理へ分岐
        INR     A               ;バッファのデータ数を増やす
        STA     RBFCNT          ;バッファのデータ数を更新
        LDA     RBFWTP          ;バッファの書き込み位置を取得
        MOV     C,A             ;書き込み位置をCに転送
        MVI     B,00H           ;書き込み位置をBCに拡張
        LXI     H,RECBUF        ;バッファのアドレスをHLに取得
        DAD     B               ;HLにBCを加算
        MOV     M,D             ;HLのアドレスにデータを書き込む
        INR     A               ;バッファの書き込み位置を増やす
        STA     RBFWTP          ;バッファの書き込み位置を更新
INTEXT: POP     H               ;HとLをスタックから復帰
        POP     D               ;DとEをスタックから復帰
        POP     B               ;BとCをスタックから復帰
        POP     PSW             ;Aとフラグをスタックから復帰
        EI                      ;割り込みを許可
        RET                     ;サブルーチンを終了
;
;       DATA RECEIVE SUBROUTINE
;       BUFER -> A
GETCHR:
        PUSH    B               ;BとCをスタックへ退避
        PUSH    D               ;DとEをスタックへ退避
        PUSH    H               ;HとLをスタックへ退避
```

A	S	Z	A	P	C	アキュムレータ / フラグ
	Sign, Zero, Auxiliary, Parity, Carry					

B	C	8/16 ビットレジスタ
D	E	8/16 ビットレジスタ
H	L	8/16 ビットレジスタ

PC	プログラムカウンタ
SP	スタックポインタ

🔼8080のレジスタ構成

　8080には正真正銘の汎用レジスタがなく、命令ごとに使えるレジスタが限定されます。外国語を単語と文法の組み合わせで覚えたいタイプの人は、これを雑駁だと批判します。しかし、慣用句を丸暗記する人には、さほど苦になりません。これまでBASICやCP/Mのソースを嫌というほど読んだせいか、テストプログラムは思いのほかスラスラと書けました。

　割り込みを使った受信の手順は、こんな構造になっています。8251が受信を完了すると、随時、割り込みプログラムがデータを読み取ってバッファに保存します。本編のプログラムは、必要なとき、バッファからデータを取り出します。バッファは、書き込み位置と読み出し位置が末尾でオーバーフローして先頭へ戻り、循環するため、見掛け上、無限長です。

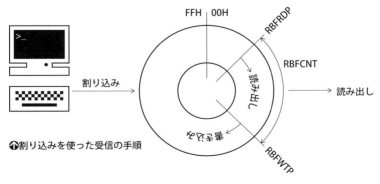

🔼割り込みを使った受信の手順

CHAPTER●2―フールオンザヒル

```
GCLOP1: LDA     RBFCNT          ;バッファのデータ数を取得
        CPI     00H             ;データの有無を検査
        JZ      GCLOP1          ;データがなければ繰り返す（受信待ち）
        DI                      ;割り込みを禁止
        DCR     A               ;バッファのデータ数を減らす
        STA     RBFCNT          ;バッファのデータ数を更新
        LDA     RBFRDP          ;バッファの読み出し位置を取得
        MOV     C,A             ;読み出し位置をCに転送
        MVI     B,00H           ;読み出し位置をBCに拡張
        LXI     H,RECBUF        ;バッファのアドレスをHLに取得
        DAD     B               ;HLにBCを加算
        MOV     D,M             ;HLのアドレスからデータを読み出す
        INR     A               ;バッファの読み出し位置を増やす
        STA     RBFRDP          ;バッファの読み出し位置を更新
        MOV     A,D             ;データをDからAへ転送
        EI                      ;割り込みを許可
        POP     H               ;HとLをスタックから復帰
        POP     D               ;DとEをスタックから復帰
        POP     B               ;BとCをスタックから復帰
        RET                     ;サブルーチンを終了
;
;       MAIN ROUTINE
;       KEYIN THEN ECHO
MAIN:
        MVI     A,'>'           ;Aに「>」を転送
        CALL    PUTCHR          ;端末へ「>」を表示
LOOP:   CALL    GETCHR          ;端末から文字を入力
        CALL    PUTCHR          ;端末へ文字を表示
        JMP     LOOP            ;端末からの入力と表示を繰り返す
;
;       RAM IMPLEMENT ADDRESS
        ORG     0F800H          ;RAMはF800Hから配置
;
;       SYSTEM PARAMETERS
;
RBFCNT  DS      01H             ;バッファのデータ数
RBFRDP  DS      01H             ;バッファの読み出し位置
RBFWTP  DS      01H             ;バッファの書き込み位置
RECBUF  DS      100H            ;バッファのためにメモリを確保
;
        END     0000H           ;0000Hから開始
```

初期設定により、端末との通信形式は、非同期、データ長8ビット、1ストップビット、パリティなし、通信速度は9600ビット/秒となります。テストプログラムが目論見どおりに動作すれば、始めに端末がプロンプトを表示して待機します。以降、入力した文字をエコーバックしては繰り返します。縁起がいいことに、テストプログラムは永遠に終了しません。

⊕ テストプログラムをEPROMに書き込んで動かす

　アセンブルにはASM.COMを使います。端末がテレタイプライタだった時代の開発ツールは、紙とインクを節約するため、表示が無愛想です。ASM.COMが表示するのは、起動メッセージ、最終アドレス+1、シンボルテーブル使用率、終了メッセージです。アセンブルに失敗したら原因となった行を表示しますが、成功しても「成功しました」とはいいません。

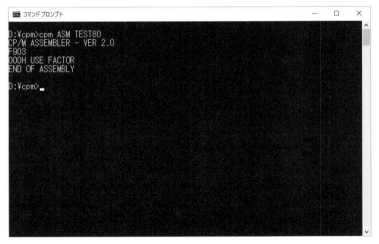

↑テストプログラムのアセンブルに成功した例

機械語はソースと同じファイル名で拡張子.HEXのファイルにインテルHEX形式で保存されます。自作の書き込みソフトで開くと、テストプログラムは232バイトの機械語にアセンブルされていました。内容も正常です。これを自作の書き込み装置で2716に書き込み、2716を周辺ボードに取り付け、周辺ボードをCPUボードとつなぎ、端末を接続します。

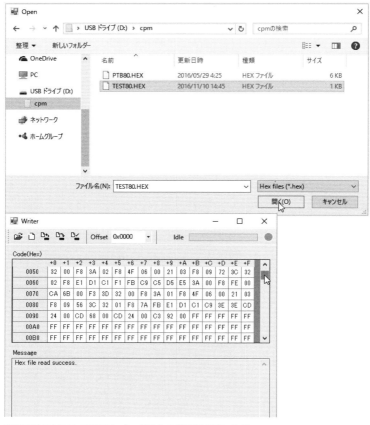

⬆書き込みソフトでテストプログラムの機械語を開いた例

🔼CPUボードと周辺ボードをつないだ状態

　周辺ボードとCPUボードはスペーサで重ねる予定でしたが、ちょっとした問題が発覚しました。CPUボードを上にするとテストプログラムの修正が必要になったとき2716の挿し替えに不便です。一方、周辺ボードを上にすると電源スイッチの操作ができません。しかたがないので、いくらか危険がともないますが、当面、バラのまま動かすことにしました。

　自作のコンピュータを初めて動かすときというのは、気持ちの整理に時間が掛かります。電源を入れたあと、何が起きようとも、ありのままの現実を受け入れる覚悟がいるからです。動かないことがハッキリしてしまう恐れのほうが強く、現状維持を願う心理が働き、電源を入れなくて済むならそうしたいくらいです。いわば、好きな人に告白する感じです。

パソコンで端末ソフトを起動したまま、しばらく無意味な時間をすごしたあと、えいやっと電源を入れました。何の反応もありません。ほらね、やっぱり―、と思ったとたん、端末ソフトがプロンプトを表示してひっくり返りそうになりました。そういえば、最低3クロックでいいリセット期間を、どういう理由だったか、思い切り長くとったのでした（●86）。

　プロンプトが出たということは、端末への出力が正常に動作しています。キーを押すとエコーバックされ、端末からの入力と割り込みも正常に動作していることがわかりました。設計と製作の工程は、ひとつひとつの判断がすべて正解でした。強いていえば、たっぷりとタメを作ってから起動するリセット回路は、コンデンサの容量を減らそうと思います。

　懸案を片付けておきます。現在、周辺ボードに取り付けてある8251は、A付きでCMOSで高速な沖電気のMSM82C51A-2です。これを、標準のA付き版と最悪なAなし版に挿し替えてテストします。いずれも日本電

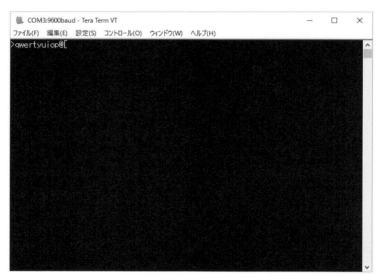

●テストプログラムが正常に動作した状態

↑日本電気の8251A同等品（左）と8251同等品（右）

気の同等品を使いました。A付き版が動くことは計算ずみです。Aなし版は、計算が難しくて結論を保留していましたが、正常に動作しました。

　あともうひとつ、コンピュータのテストに成功したら真っ先に動かしてみたいと考えていた、わずか118バイトのプログラムがあります。それは、1975年4月、ホームブルゥコンピュータクラブの第3回の集会で発表され、参加者に深い感動を与えました。作ったのは、スティーブ・ドンピアです。彼は、この仕事ひとつで、超人たちの仲間入りを果たしました。

⊕ Altairで音楽を演奏した男

　スティーブ・ドンピアは、コンピュータの専門家ではなく、建築業者です。軽飛行機の免許を持っており、経済的に恵まれていたようです。好奇心が強く、何ごとにも積極的で、思い立ったらすぐ行動に移すタイプでした。たとえば、『ポピュラーエレクトロニクス』を見てすぐさまAltairと発売前のボード類を注文しました。ボード類は代金が返金されました。

　スティーブ・ドンピアが注文したAltairは2箇月たっても届きませんでした。電話で問い合わせると、毎回、「大丈夫、いつかきっと届きます」というばかりで埒が開きません。業を煮やし、飛行機とタクシーを乗り継いで、MITSへ押し掛けました。先客がふたりいました。MITSは、彼らを追い払うため、当面、組み立てを始められるだけの部品を渡しました。

こうして、スティーブ・ドンピアは製造番号4のAltair（この段階ではその一部）を手に入れました。ちなみに、製造番号1のAltairは『ポピュラーエレクトロニクス』の編集長、レス・ソロモンに寄贈されました。製造番号2と3のAltairは、MITSにいた先客、ロジャー・メレンとハリー・ガーランドが受け取りました。ふたりはのちにクロメムコを創業します。

　スティーブ・ドンピアが残りの部品を待っているタイミングで、ホームブルゥコンピュータクラブへ参加を呼び掛けるビラが貼り出されました。手書きで「Altairを作っている人はぜひ」と追加された文面に惹かれ、彼は第1回の集会に参加しました。集会のあと発行された会報（→39）に「スティーブがMITSを訪問した顛末を披露した」と書かれています。

　残りの部品は1箇月ほどたって届きました。スティーブ・ドンピアは組み立てに30時間を費やし、うまく動かなかったので、修正にもう6時間を掛けました。完成したからといって、入出力装置がスイッチとLEDだけでは、できることが限られます。しかし、8080に初めて触れるホビイストが機械語の働きをひとつひとつ試してみるのには十分でした。

　スティーブ・ドンピアは、まずデータの転送を試しました。次に加算をやってみました。それからデータの並べ替えに挑戦し、偶然、音楽演奏プログラムMUSIC OF A SORTと音声出力装置を完成させることになったのです。この経緯とそのあとの出来事は、彼がピープルズコンピュータカンパニーの機関誌に寄稿した記事を引用し、抄訳で紹介します。

　「並べ替えのプログラムを打ち込み終えたとき、私は（明日、軽飛行機を操縦する予定があったので）Altairの傍らに小型のラジオを置いて天気予報を聞いていました。RUNスイッチを倒し、プログラムを離陸させると、奇妙なことにラジオもまた離陸したのです。Altairがデータを並べ替えるたびに、ラジオはジーッ、ジーッ、ジーッと雑音を発しました。

　驚いたな、音声出力装置だよ！　私は雑音がより音楽らしく聞こえる手順を探してもういくつかのプログラムを試しました。約8時間、悪戦苦闘して、音楽演奏プログラムMUSIC OF A SORTと音階の一覧表が完成しました。いちばんきれいに演奏できた曲はビートルズの『フールオンザヒル』でした。私は、その楽譜を8進数のリストに書きとめました。

⬇MUSIC OF A SORTのソース MOASORT.ASM

```
;       MUSIC OF A SORT
;       STEVE DOMPIER
;
TEMPO   EQU     030H            ;テンポ
ENDFLAG EQU     0FFH            ;終端フラグ
;
        ORG     0000H           ;リセット解除後0000Hから開始
START:  LXI     H,MUSIC         ;データの先頭アドレスをHLに転送
LOOP1:  MOV     A,M             ;データをAに転送
        CPI     ENDFLAG         ;データを終端フラグと比較
        JZ      START           ;一致したらSTARTへ分岐して繰り返す
        MVI     D,TEMPO         ;テンポをDに転送
LOOP2:  DCR     B               ;Bの値を減らす（初期値なしでいいの？）
        JNZ     LOOP3           ;Bが0でないうちはLOOP3へ分岐
        MOV     B,M             ;データをBに転送
LOOP3:  DCR     C               ;Cの値を減らす（初期値なしでいいの？）
        JNZ     LOOP2           ;Cが0が0でないうちはLOOP2へ分岐
        DCR     D               ;Dの値を減らす
        JNZ     LOOP2           ;Dが0が0でないうちはLOOP2へ分岐
        INR     L               ;次のデータのアドレスへ進める
        JMP     LOOP1           ;LOOP1へ分岐
;
;       THE FOOL ON THE HILL
MUSIC:  DB      105Q, 105Q, 125Q, 100Q, 071Q, 063Q
        DB      063Q, 063Q, 071Q, 063Q, 055Q, 053Q
        DB      053Q, 055Q, 071Q, 063Q, 046Q, 046Q
        DB      046Q, 071Q, 063Q, 046Q, 046Q, 053Q
        DB      042Q, 046Q, 046Q, 063Q, 071Q, 063Q
        DB      053Q, 053Q, 063Q, 053Q, 071Q, 063Q
        DB      063Q, 071Q, 063Q, 046Q, 046Q, 046Q
        DB      053Q, 042Q, 053Q, 046Q, 046Q, 053Q
        DB      055Q, 053Q, 071Q, 066Q, 100Q, 071Q
        DB      071Q, 100Q, 071Q, 066Q, 066Q, 071Q
        DB      100Q, 100Q, 100Q, 071Q, 066Q, 060Q
        DB      060Q, 066Q, 071Q, 066Q, 066Q, 060Q
        DB      053Q, 046Q, 046Q, 046Q, 046Q, 044Q
        DB      046Q, 053Q, 053Q, 053Q, 053Q, 053Q
        DB      002Q, 002Q, 002Q, 002Q, 002Q, 002Q
        DB      ENDFLAG
;
        END     START           ;STARTから開始
```

私はこの成果をホームブルゥコンピュータクラブの第3回の集会で発表しました。Altairは初めてのリサイタルで緊張のあまり固まりました。フレッド・ムーアがテープレコーダをつなぐためにAlatirの電源コンセントを抜いてしまったようです。リサイタルは（プログラムを入力し直して）約30分の遅れで始まり、参加者の称賛を浴びました」（以上引用）。

　リサイタルでは2曲が披露されました。きれいに演奏できる『フールオンザヒル』と、きれいに演奏できない『デイジー』です。『デイジー』は、映画『2001年宇宙の旅』で使われました。人間の矛盾した命令に異常を来したHALが次々とモジュールを引き抜かれる中、雑音にまみれ、かつて開発者が教えてくれた『デイジー』を歌いながら、ついに停止するのです。

⊕ ラジオからフールオンザヒルが流れる

　Altairのリサイタルを自作のコンピュータで再現してみます。『デイジー』は、映画を知っていれば感動的ですが、きれいな演奏を聞きたいので『フールオンザヒル』にしました。ピープルズコンピュータカンパニーの機関誌に掲載されたプログラムとデータを2716に書き込み、周辺ボードに取り付けます。端末はつながず、8251も取り外しておきました。

　ひとつ懸念があります。Altairはインテルの8080ですが、自作のコンピュータは日本電気のμPD8080Aです。『ドクタードブズジャーナル』で実行クロック数が違うと指摘されたMOV（→59）がプログラムの2箇所に使われています。もしかしたら、演奏のタイミングに影響するかもしれません。だとしても、たどたどしい演奏が聞けることでしょう。

　プログラムを走らせてラジオのダイヤルを探ります。650kHz付近で雑音の性質に変化が生じ、やがて『フールオンザヒル』に同調しました。想像していたよりずっとクリアに聞こえ、音色は任天堂のファミリーコンピュータに似ています。MOVの非互換性による影響は感じられません。影響しているかもしれませんが、誰でも曲名を当てられます。

⬆MUSIC OF A SORTが音楽を演奏している様子

　雑音の発生源は2716の裏側あたりです。プリント基板を作るとき平行に引き回した20本ばかりのパターンが絶好の放射装置になっています。AltairだとRAMの周辺でしょうが、構造上、ラジオとの間に金属の障害物が挟まり、距離も離れるため、あまりクリアでなかったと想像されます。自作のコンピュータで、より明確に、リサイタルを再現できました。

3 タイニー BASIC

[第3章]
伝説のソフトウェア

⊕ タイニー BASIC の構想と挫折と再起

　ピープルズコンピュータカンパニーのリーダー、ボブ・アルブレヒトは、生業が出版社の経営者で、かつてはBASICの入門書を得意とするテクニカルライターでした。彼は『ポピュラーエレクトロニクス』でAltairを知り、これでBASICが動けば、ピープルズコンピュータカンパニーが目標に掲げている「コンピュータの大衆化」を実現できると考えました。

　ピープルズコンピュータカンパニーの機関誌で書評を担当していたデニス・アリソンも『ポピュラーエレクトロニクス』でAltairを知りました。彼の本職はスタンフォード大学でコンピュータサイエンスを教える講師でした。彼とボブ・アルブレヒトはAltairでBASICが動く可能性を議論しました。結論は、オプションのボード類が揃うまで持ち越されました。

　Altairの発売から3箇月後、4KバイトのRAMボードとテレタイプライタがつながるシリアルボードが発売されました。まともなBASICを動かすにはメモリの容量が足りませんが、言語仕様を簡略化すればどうにかなりそうでした。デニス・アリソンはそれをタイニーBASICと名付け、ピープルズコンピュータカンパニーに開発チームを発足させました。

　デニス・アリソンが策定したタイニーBASICの言語仕様は、1975年3月発行の機関誌に掲載されました。その前段には、概略、こう書いてあります。「浮動小数点演算（何じゃそりゃ？）、対数、三角関数、行列反転、核反応炉の計算はやらないものとします。あなたのコンピュータはちっぽけでメモリもわずかです。だったら、タイニーBASICはどうでしょう」。

rs maxim. BASIC will consist of a lot of
th each other. These pieces themselves
elves consist of smaller pieces, and so forth
blem is made manageable by cutting it into

ks of BASIC? We see a bunch of them:
t is to be done next. It receives control

gram collects lines as they are entered
nto a part of computer memory for

tes a single BASIC statement, whatever

hich line is to be executed next.
floating point on a machine without the

utput information from the Teletype and
nd line deletion).
e BASIC functions (RND, INT, TAB, etc.)
he supervisor).
hich provides dynamic allocation data

uther into the system we'll begin to see
ore fully define the function of each of

OESN'T SPEAK BASIC
OR
SPEAK UNLESS SPOKEN TO)

s of CPU 'chips' have had the heart-break
nding a cord with which to plug it in.
debut, the next stumbling block, software,
rried computer fiend, had the following

ode programs from the front-panel has its
ng up from his Hazeltine. "First there's
d by a syntax analyzer, formatter for out-

TINY BASIC

Pretend you are 7 years old and don't care much about floating point arithmetic (what's that?), logarithms, sines, matrix inversion, nuclear reactor calculations and stuff like that.

And ... your home computer is kinda small, not too much memory. Maybe its a MARK-8 or an ALTAIR 8800 with less than 4K bytes and a TV typewriter for input and output.

You would like to use it for homework, math recreations and games like NUMBER, STARS, TRAP, HURKLE, SNARK, BAGELS, ...

Consider then, TINY BASIC

- Integer arithmetic only — 8 bits? 16 bits?
- 26 variables: A, B, C, D, ..., Z
- The RND function — of course!
- Seven BASIC statement types
   INPUT
   PRINT
   LET
   GO TO
   IF
   GOSUB
   RETURN
- Strings? OK in PRINT statements, not OK otherwise.

Keep tuned in. More TINY BASIC next time, including some GAMES written in TINY BASIC.

WANTED — FEEDBACK! Your thoughts ideas, etc. about TINY BASIC urgently requested by the PCC Dragon.

R75-20—Weaver, A. C., M. H. Tindall, and
R. L. Danielson, "A Basic Language
Interpreter for the Intel 8008 Micropro-

●ピープルズコンピュータカンパニーの機関紙に掲載されたタイニー BASIC の言語仕様

⬇デニス・アリソンが策定したタイニーBASICの言語仕様

要素	仕様
値	符号付き整数のみ（8ビットにするか16ビットにするかは思案中）
変数	A〜Zの26個
関数	乱数を生成するRNDは当然いるよね！
文	INPUT、PRINT、LET、GOTO、IF、GOSUB、RETURNの7個
文字列	PRINT文で使ってもいいけれどほかはダメ

　開発チームの活動は機関誌の連載記事で報告されました。デニス・アリソンは、そのつど、こう書き添えています。「私たちの活動に関心を持ってください。私たちだけで作業を進めることは、可能ですが、みなさんのアイディアのほうがまさっているかもしれません。ぜひとも手紙を書いてください。協力してタイニーBASICをよりよいものにしましょう」。

　開発チームだけでもやろうと思えばやれるようなことをいっていますが、機関誌の連載記事は半年たっても重要な機能の多くを実現できていません。実際、開発は難航したようです。1975年12月、開発チームはこんなメモを残して姿を消しました。「タイニーBASICは私の首にまとわり付くアホウドリの死骸のようです。もう、やっていられません」。

⬆開発チームのバーナード・グリーニングが書き残したとされるメモ

ピープルズコンピュータカンパニーはタイニーBASICの開発を諦め、機関紙で連載記事の打ち切りを報告しました。そのとたん、つたないながらも、どうにか動くタイニーBASICの投稿が相次ぎました。開発チームが完璧なタイニーBASICを完成してくれるものと期待し、遠慮していた読者が、打ち切りと聞いて、独自の成果を送って寄こしたのでした。

　ピープルズコンピュータカンパニーは投稿を掲載して読者とともに練り上げるやりかたへ切り替えました。これは、いい決断でした。ソースをひとつ掲載すると、多数の改善案が寄せられました。ソースはいくらでも掲載したいところでしたが、機関誌は誌面が限られていました。そこで、タイニーBASICを専門に取り上げる新しい雑誌が創刊されました。

⊕ パロアルトタイニーBASICの登場

　1976年1月付けで（実際は2月）、『ドクタードブズジャーナル』の創刊号が発行されました。正式な誌名はやたらに長いので省略して日本語の意味をいうと「コンピュータの美容体操と歯列矯正をするドブ博士の雑誌―過剰バイトなしで軽やかに走りましょう」です。誌名のとおり、記事はタイニーBASICを1バイトでも小さく書くことに全力を注ぎました。

　ボブ・アルブレヒトとデニス・アリソンの肩書きは「番犬」で、編集長はジム・ウォーレンが務めました。彼はのちに世界で最初のコンピュータフェアを成功させるのですが、ホビイストの間では別件のほうが有名です。女子大学の要職にあったとき自宅でヌーディストパーティーを開いてクビになり、プレイボーイ財団から「表現の自由」賞を贈られました。

　ちょうどこのころ、マイクロソフトはタイニーでないBASICを完成させ、MITSを通じ、350ドルで発売しています。同社は、これを不正コピーしようとする者に厳しい態度で臨むばかりか正当に入手した者にも逆アセンブルを禁じました。『ドクタードブズジャーナル』はその姿勢を揶揄するかのように、「秘密はなし」と「独占しない」を編集方針に掲げました。

『ドクタードブズジャーナル』に掲載されたタイニーBASICは1976年5月の時点で4本を数えました。いずれもデニス・アリソンが策定した言語仕様に独自の機能を追加した力作でした。そのため、これらのタイニーBASICはひとつひとつ言語仕様の細部が異なります。同誌は、それを方言と見立て、先頭に開発者が住むところの地名を付けて呼び分けました。

掲載された順に挙げると、ディック・ウィップルとジョン・アーノルドのテキサスタイニーBASIC、フレッド・グリーブのデンバータイニーBASIC、エリック・ミューラのMINOR（これは例外）、リ・チン・ワンのパロアルトタイニーBASICです。評判を呼んだのはパロアルトタイニーBASICで、機能拡張版がタンディのパソコンTRS-80に採用されました。

リ・チン・ワンは謎の人物で、その人となりを知る手掛かりがほとんど見付かりません。『ドクタードブズジャーナル』に名前が載ったあと数年だけ活躍し、表舞台から消えてしまうのです。唯一、ホームブルゥコンピュータクラブのメンバーだったことは確かで、2001年の同窓会に参加した写真があって、見た感じ、男性だと思います（女性に多い名前です）。

そんなわけで、プログラミングをどこで覚えたのかが定かでありませんが、腕前は抜群でした。パロアルトタイニーBASICは、ほかのタイニーBASICよりひとつ高いところから余裕を持って書かれた感じがします。謙虚な挨拶に続いて掲載されたソースは、まるで「あなたたちが目指しているものは、要するに、これでしょ？」といっているように読めます。

たとえば、「過剰バイト」を切り詰めるため、随所に手品のような処理の手順が散りばめられています。読者は、改善案を寄せるどころか、ただ感心するばかりでした。また、デニス・アリソンが関数RND（乱数）を必須とした意図を汲み、ゲームで便利な関数ABS（絶対値）を追加しました。この関数は、大砲と標的の距離を計算するために多用されました。

極め付けは、冒頭のコメントで著作権の扱いを「@COPYLEFT ALL WRONGS RESERVED」としたことです。編集方針に沿ってマイクロソフトの定型文を裏返したのですが、冗談がすぎ、法律家の判断を経てようやくオープンソースのフリーウェアという解釈が確定しました。以降、しばらくCOPYLEFTは現在のGPLやCCと同じ意味で使われました。

```
***************************************************
*
*           TINY BASIC FOR INTEL 8080
*                   VERSION 1.0
*                BY LI-CHEN WANG
*                 10 JUNE, 1976
*                   @COPYLEFT
*              ALL WRONGS RESERVED
*
***************************************************
*
*      *** ZERO PAGE SUBROUTINES ***
*
*      THE 8080 INSTRUCTION SET LETS YOU HAVE 8 ROUTINES IN LOW
*      MEMORY THAT MAY BE CALLED BY RST N. N BEING 0 THROUGH 7.
*      THIS IS A ONE BYTE INSTRUCTION AND HAS THE SAME POWER AS
*      THE THREE BYTE INSTRUCTION CALL LLHH.  TINY BASIC WILL
*      USE RST 0 AS START OR RESTART AND RST 1 THROUGH RST 7 FOR
*      THE SEVEN MOST FREQUENTLY USED SUBROUTINES.
*      TWO OTHER SUBROUTINES (CRLF AND TSTNUM) ARE ALSO IN THIS
*      SECTION. THEY CAN BE REACHED ONLY BY 3-BYTE CALLS.
*
                          ORG   X'0000'
0000 F3           START   DI                   *** START/RESTART ***
0001 310020 aaaa          LODI  SP,STACK       INITIALIZE THE STACK
0004 C3BA00               JMP   ST1            GO TO THE MAIN SECTION
0007 4C                   CHAR  'L'
*
0008 E3                   XCH   HL,(SP)        *** TSTC OR RST 1 ***
0009 EF                   IGNBLK                IGNORE BLANKS AND
000A BE                   CMP   M              TEST CHARACTER
000B C36800               JMP   TC1            REST OF THIS IS AT TC1
*
000E 3E0D         CRLF    LODI  A,@CR          *** CRLF ***
*
0010 F5                   PUSH  AF             *** OUTC OR RST 2 ***
0011 3A0008               LD    A,OCSW         PRINT CHARACTER ONLY
0014 B7                   IOR   A              IF OCSW SWITCH IS ON
0015 C31A07               JMP   OC2            REST OF THIS IS AT OC2
*
0018 CD5504               CALL  EXPR2          *** EXPR OR RST 3 ***
001B E5                   PUSH  HL             EVALUATE AN EXPRESION
001C C31104               JMP   EXPR1          REST OF IT IS AT EXPR1
001F 57                   CHAR  'W'
*
0020 7C                   LOD   A,H            *** COMP OR RST 4 ***
0021 BA                   CMP   D              COMPARE HL WITH DE
0022 C0                   RET   NZ             RETURN CORRECT C AND
0023 7D                   LOD   A,L            Z FLAGS
0024 BB                   CMP   E              BUT OLD A IS LOST
0025 C9                   RET   U
0026 414E                 CHAR  'AN'
*
0028 1A           SS1     LD    A,(DE)         *** IGNBLK/RST 5 ***
0029 FE20                 CMPI  ' '            IGNORE BLANKS
002B C0                   RET   NZ             IN TEXT (WHERE DE->)
002C 13                   INC   DE             AND RETURN THE FIRST
002D C328C0               JMP   SS1            NON-BLANK CHAR. IN A
*
0030 F1                   POP   AF             *** FINISH/RST 6 ***
0031 CD9105               CALL  FIN            CHECK END OF COMMAND
0034 C3A405               JMP   QWHAT          PRINT "WHAT?" IF WRONG
0037 47                   CHAR  'G'
*
0038 EF                   IGNBLK                *** TSTV OR RST 7 ***
0039 D640                 SUBI  '@'            TEST VARIABLES
003B D8                   RET   C              C:NOT A VARIABLE
003C C2580C               JMP   NZ,TV1         NOT "@" ARRAY
003F 13                   INC   DE             IT IS THE "@" ARRAY
0040 CDFB04               CALL  PARN           @ SHOULD BE FOLLOWED
0043 29                   ADD   HL,HL          BY (EXPR) AS ITS INDEX
0044 DA9F0D               JMP   C,QHOW         IS INDEX TOO BIG?
0047 D5                   PUSH  DE             WILL IT OVERWRITE
0048 EB                   XCH   HL,DE          TEXT?
0049 CD3D05               CALL  SIZE           FIND SIZE OF FREE
004C E7                   COMP                 AND CHECK THAT
004D DAD005               JMP   C,ASORRY       IF SO, SAY "SORRY"
0050 21001F aaaa          LODI  HL,VARBGN      IF NOT, GET ADDRESS
```

⬆『ドクタードブズジャーナル』に掲載されたパロアルトタイニー BASIC

ピープルズコンピュータカンパニーは『ドクタードブズジャーナル』に掲載したソフトウェアを紙テープに記録して実費で配布しました。名目上の配布元はコミュニティコンピュータセンターですが、この団体は私書箱がピープルズコンピュータカンパニーと同じです。パロアルトタイニーBASICは、世界中の誰もが、2ドルと送料で入手できました。

⊕ 東大版タイニーBASICの登場

パロアルトタイニーBASICを日本で広めたのは東京大学の大学院生、小野芳彦でした。原版は、同大大型計算機センターの助教授、石田晴久がコミュニティコンピュータセンターから取り寄せた紙テープです。それを逆アセンブルし、マクロを使った読みやすいソースに書き直し、共立出版の『マイクロコンピュータのプログラミング』などで紹介しました。

小野芳彦の記事は、パロアルトタイニーBASICが生まれた経緯から文法にいたるまで、とても丁寧に解説しています。しかし、著作権の扱いがCOPYLEFTであることに言及していません。紙テープを逆アセンブルしたせいで、ソースのコメントを読んでいないものと想像されます。コメントなしでリ・チン・ワンの手品を解読した力量は大したものです。

書き直したソースは、メモリの使いかたがシンボルに定義されていて、変更が容易です。また、マクロの1文を書き加えるだけで、独自の文や関数が追加されます。自作したコンピュータでBASICを動かしてみたいとき、これは有力な候補です。わずかな作業で移植が完了しますし、その前に、CP/Mのもとで動かして主要な機能をテストすることができます。

こうした便利さと引き換えに、多少の「過剰バイト」が生じています。機械語がある特定のアドレス（たとえばRSTベクタ）に置かれることを利用したリ・チン・ワンの手品が削除されているからです。現実の問題はありません。EPROMが2716だとすると、ギリギリで2Kバイトに収まれば、さらに小さくしてもEPROMの数を減らすことにつながりません。

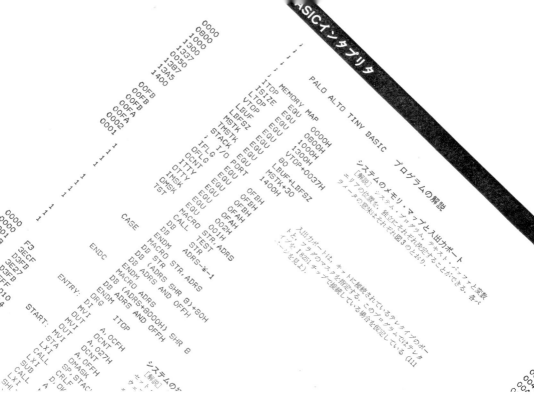

◯『マイクロコンピュータのプログラミング』に掲載された東大版タイニー BASIC

　このころ、東京電機大学の学生、畑中文明も、MC6800で動く独自のタイニー BASICを完成させ、講談社の『マイ・コンピュータをつかう』で紹介されました。それは、電大版タイニー BASICと呼ばれました。ですから小野芳彦のソースは、冒頭に「PALO ALTO TINY BASIC」と明記してあるのですが、一般的には東大版タイニー BASICと呼ばれます。

　東大版タイニー BASICの要求仕様は、CPUが8080で、ROMを最低2Kバイト、RAMを最低1Kバイト備え、端末がつながることです。端末は、テレタイプライタだったら手間なしですが、そうでなくても大丈夫です。自作したコンピュータは、この条件を満たします。まずCP/Mでテストして、次に自作したコンピュータへ移植しようと思います。

CHAPTER●3―タイニー BASIC

⊕ タイニーBASICをCP/Mのもとでテストする

　CP/Mのアプリケーションは、メモリのアドレス0100Hから配置します。上限はコンピュータによって異なり、CP/M program EXEcutor for Win32だとFDFFHです。端末の制御はBDOS（基本ディスクオペレーティングシステム）に要求します。要求の手順はコンピュータによらず一定で、事務的に書けます。CP/Mのルールは、ざっとこんな感じです。

　東大版タイニーBASICをCP/Mで動かすことはさほど難しくなさそうです。ただし、それはあくまでテストであり、目標は自作のコンピュータで動かすことです。CP/Mで動いたものを自作のコンピュータへ持っていったとき、新しい問題が生じては困りますから、最低、メモリの使いかたは双方で共通となるように努めます。これで、少し難しくなります。

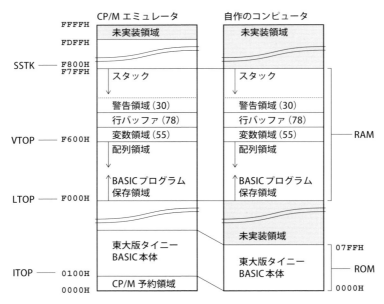

↑東大版タイニーBASICのメモリ配置

東大版タイニー BASIC の本体は、ROM に書き込む想定で 0000H から 2K バイトの範囲に収めてあります。一方、CP/M のアプリケーションは 0100H から配置しなければなりません。本体の開始アドレスは、シンボル ITOP の定義で決まります。ですから、ITOP は 0100H に定義しておいて、自作のコンピュータへ持っていく段階で 0000H に書き直します。

　RAM は末尾の 2K バイトを使いたいのですが、その範囲は CP/M の上限に引っ掛かります。次善の策として、ひとつ下の F000H ～ F7FF を使います。自作のコンピュータは、この範囲がゴーストで、手短にいえば普通に使えます。したがって、RAM の使いかたを決めるシンボル、LTOP、VTOP、SSTK は、CP/M の定義が自作のコンピュータにも通用します。

　端末の制御の手順は、どんなコンピュータへ移植するにしろ、書き換える必要があります。コンピュータの仕組みに依存する記述は、先頭の初期設定と、末尾にあるふたつのサブルーチンです。もとの記述は端末が 8251 の先につながっている想定です。自作のコンピュータはそうなっており、書き換えは些少で済みます。CP/M の構造は、まったく違います。

　CP/M は BIOS（基本入出力システム）でコンピュータごとの違いを埋め、BDOS で操作の手順を整理した、いわば架空の環境です。構造は実体と切り離されており、端末は BDOS に要求して操作します。東大版タイニー BASIC が 8251 を直接操作している部分は、同じ働きを BDOS の機能で組み立てることになります。面倒ですが、困難ではありません。

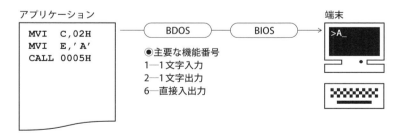

↑CP/M の端末の概念（アプリケーションは「A」を表示する例）

CP/Mは初期設定を終えたのち起動するため、東大版タイニーBASICの先頭の初期設定は丸ごと不要です。末尾にあるサブルーチンのひとつは、概略、1文字を出力するものなので、BDOSの機能番号2と置き換えます。もうひとつは1文字を入力するものですが、キーが押されていなければすぐ戻ることになっており、この働きは機能番号6に相当します。

　東大版タイニーBASICのソースはマクロを含むため、アセンブラはMAC.COMです。生成された機械語は、LOAD.COMで実行ファイルに変換します。その際、開始アドレス、終了アドレス、サイズ、セクタ数が表示されます。サイズは、この時点で2Kバイト（BYTES READが0800未満）に収まっている必要はなく、だいたいそのあたりなら大丈夫です。

　実行ファイルはファイル名を入力すると起動します。起動に成功したらすぐわかるように起動メッセージを仕込んでおきました。本来は何も表示しません。あの手この手で切り詰めた1バイトが、たった1文字の表示で台無しになるからです。このあとのテストで多少なりとも修正が生じると思うので、その結果、もし2Kバイトを超えたら削除します。

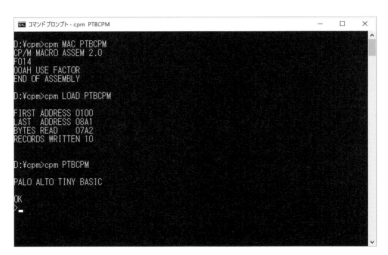

⬆東大版タイニーBASICの移植に成功した例

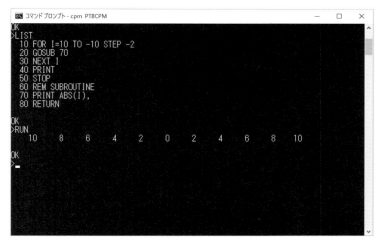

⬆CP/Mのもとで基本的な機能をテストした例

　東大版タイニー BASIC は、CP/M のもとですんなりと動き、差し当たり移植は成功しました。基本的な機能も正常です。この状態から、細部を詰めます。端末はテレタイプライタが想定されており、パソコンの端末ソフトだと修正の余地があります。たとえば、BASIC プログラムを中断する[Ctrl]+[c]は、端末ソフトごと落ちるため、[ESC]に変更します。

⬇パソコンの端末ソフトを接続する前提で修正したキー操作

キー操作	修正前	修正後
[Ctrl]+[c]	BASIC プログラムの中断	キーを[ESC]に変更
[Ctrl]+[o]	エコーバックの有効/無効	削除
[Ctrl]+[@]	操作を検出して捨てる	削除
[^]	入力中の行をキャンセル	削除
[BackSpace]	カーソルを戻す	直前の文字を消去して戻す
小文字	何もしない（入力されない）	入力されたら大文字に変換

[BackSpace]は文字を残したままカーソルを戻しますが、現在の流儀にしたがい、直前の文字を消すようにしました。この働きは入力のエコーバックが端末の右端で折り返すと戻れないので、行バッファを78文字に制限しました。また、古い端末が大文字しか入力できないせいで、小文字が混じることを想定していないようです。小文字は大文字に変換します。

　紙テープに関係する機能は、もはや必要がないと判断しました。紙テープを読み出すときエコーバックを無効にする[Ctrl]+[o]は、この手順を削除します。紙テープを取り付けるために余白を作る[Ctrl]+[@]は、東大版タイニーBASICへの指示ではないので無視するようになっていますが、そもそもそんな操作をしませんから無視する手順を削除します。

　追加した記述と削除した記述があって、差し引き、サイズが少し縮まりました。この状態であらためてテストをして、正常に動作することを確認しました。実は、もとからあった記述にいくつかの小さな問題を見付けたのですが、そのままにしてあります。たとえば、FOR文で32767回の繰り返しを実行すると永久ループに陥ります（[ESC]で中断します）。

⊕ タイニーBASICを自作のコンピュータで動かす

　CP/Mでテストしたソースをもとに自作のコンピュータで東大版タイニーBASICを動かします。始めに、シンボルITOPを0000Hに定義し直します。あとは、端末の制御のしかたを書き換えます。この部分は小野芳彦の記述へ戻す感じになりますが、パソコンの端末ソフトを接続する前提で追加や削除をしているため、ただ戻したのでは間違いが生じます。

　初期設定（ラベルENTRY）は自作のコンピュータで最初に動いたテストプログラムから流用しました。8251を丁寧に設定している分、小野芳彦の記述より8バイトほど余計です。さらに、CP/Mから流用した記述が起動メッセージの表示に34バイトを費やしています。これら合計42バイトは、テストに成功した手順を再利用するためのコストと考えます。

⤓東大版タイニー BASIC のソース PTB80.ASM（ハードウェア依存部分のみ）

```
;
;       PALO ALTO TINY BASIC SBC80 EDITION
;       BY LI-CHEN WANG, YOSHIHIKO ONO
;       TRANSPORT BY TETSUYA SUZUKI
;
ITOP    EQU     0000H           ;ROMの先頭アドレス（開始アドレス）
LTOP    EQU     0F000H          ;RAMの先頭アドレス
VTOP    EQU     0F600H          ;変数領域の先頭アドレス
STACK   EQU     0F800H          ;スタック領域の頂上アドレス+1
;
LBUF    EQU     VTOP+55         ;行バッファの先頭アドレス
LBFSZ   EQU     78              ;行バッファのサイズ
MSTK    EQU     LBUF+LBFSZ      ;スタック領域の底辺アドレス
TMSTK   EQU     MSTK+30         ;スタック不足警告アドレス
;
UARTRD  EQU     0C0H            ;8251のデータレジスタのアドレス
UARTRC  EQU     0C1H            ;8251のコントロールレジスタのアドレス
;
TST     MACRO   STR,ADRS
        CALL    TEST
        ORG     ITOP
ENTRY:  LXI     SP,STACK        ;スタックポインタを設定
        MVI     A,00H           ;メモリや8251への転送はAを経由
        OUT     UARTRC          ;8251をコマンド受け付け状態へ変更
        OUT     UARTRC          ;念のためにもう一度
        OUT     UARTRC          ;念のためにもう一度
        MVI     A,01000000B     ;8251への転送はAを経由
        OUT     UARTRC          ;リセットコマンドを転送
        MVI     A,01001110B     ;8251への転送はAを経由
        OUT     UARTRC          ;通信方式を設定
        MVI     A,00110111B     ;8251への転送はAを経由
        OUT     UARTRC          ;送信と受信を有効に設定
        LXI     H,OTOP
        SHLD    OBTM
        CALL    CRLF            ;改行
        LXI     D,OPNMSG        ;起動メッセージのアドレスを設定
        SUB     A               ;文字数0を設定（行末まで表示）
        CALL    MSG             ;文字列を表示
;
START:  LXI     SP,STACK
        CALL    CRLF
```

```
            LXI     D,OKMES
            SUB     A
            CALL    MSG
            LXI     H,$+7
            SHLD    CLABL
            LXI     H,0000H
            SHLD    FCNTR
;
CRLF:       MVI     A,0DH           ;改行サブルーチンと兼用
PUT:                                ;1文字出力サブルーチン
            PUSH    PSW             ;A（データ）とフラグをスタックへ退避
PCLOP1:     IN      UARTRC          ;8251のステータスをAに転送
            ANI     00000001B       ;ステータスの送信可能ビットを検査
            JZ      PCLOP1          ;送信可能でなければ繰り返す
            POP     PSW             ;Aとフラグをスタックから復帰
            OUT     UARTRD          ;Aを8251へ転送
            CPI     0DH             ;CRかどうかを判定
            RNZ                     ;CRでなければサブルーチンを終了
            MVI     A,0AH           ;LFを設定
            CALL    PUT             ;LFを出力
            MVI     A,0DH           ;CRを設定（もとの状態に戻す）
            RET                     ;サブルーチンを終了
;
BREAK       EQU     $               ;中断サブルーチンと兼用
GET:                                ;1文字入力サブルーチン
            IN      UARTRC          ;8251のステータスをAに転送
            ANI     00000010B       ;ステータスの受信可能ビットを検査
            RZ                      ;受信可能でなければサブルーチンを終了
            IN      UARTRD          ;8251のデータをAに転送
            ANI     7FH             ;文字を7ビットコードに変換
            CPI     1BH             ;ESCかどうかを判定
            JZ      START           ;ESCなら中断
            CPI     'a'             ;「a」と比較
            RC                      ;小さければサブルーチンを終了
            CPI     'z'+1           ;「z」の次の文字と比較
            RNC                     ;大きければサブルーチンを終了
            ANI     11011111B       ;小文字を大文字に変換
            RET                     ;サブルーチンを終了
;
            ORG     LTOP
OBTM:       DS      0002H
CLABL:      DS      0002H
RSTCK:      DS      0002H
NCNTR:      DS      0002H
```

1文字を出力するサブルーチン（ラベルPUT）は、やはり、自作のコンピュータでうまく動いたテストプログラムから流用しました。このサブルーチンは改行のサブルーチンと兼用です。テレタイプライタの改行は、CR（行頭復帰）とLF（行送り）です。Windowsの端末ソフトは、それが既定値です。Mac OSXやLinuxだと設定の変更がいるかもしれません。

　1文字を入力するサブルーチン（ラベルGET）は、テストプログラムと同様に割り込みを使おうと試みたあげく、2Kバイトに収まらなくて諦めました。ですから不意に入力された文字を読み損ないます。ただし、東大版タイニーBASICは大丈夫です。入力していいときプロンプトを出し、それ以外の状況で入力された文字は捨てる約束になっているからです。

　書き直したソースはMAC.COMが1957バイトの機械語にアセンブルしました。アセンブラは機械語のサイズを表示しませんが、ファイル名が同じで拡張子.PRNのリスティングをタイプするとわかります。機械語は拡張子.HEXのファイルにインテルHEX形式で保存されています。これを2716に書き込み、自作したコンピュータに取り付けます。

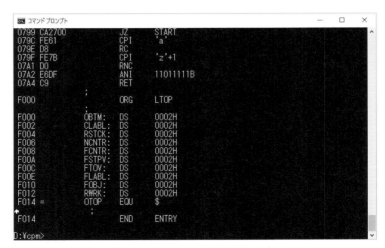

↑書き直した東大版タイニーBASICのリスティングをタイプした例

EPROMの容量を96%使い切る東大版タイニーBASICは、自作したコンピュータの能力を96%引き出すといっていいでしょう。これ以上に凄いプログラムは作れそうにありません。今後、EPROMを挿し替える機会は少ないと思うので、スペーサを使い、周辺ボードの上にCPUボードを重ねて取り付けます。これが、自作を始めた段階で目標とした形です。
　CPUボードと周辺ボードをつなぐ平行線は、今まで、少し古いパソコンがハードディスクなどの接続に使っていたIDEケーブルを流用していました。しかし、ふたつのボードを重ねた場合は長すぎますし、短いものを誂えると高く付きます。そこで、ユニバーサル基板の切れ端とピンソケットと電線を使って自作しました。とても安く上がっています。
　端末を接続し、ACアダプタを取り付けて電源を入れます。東大版タイニーBASICは無事に起動メッセージを表示してくれました。すでに正しく動くことを確認したハードウェアとソフトウェアの組み合わせですから、ここまでは想定の範囲です。最後にもうひとつ、連続運転のテストをします。やることは単純です。電源を入れたまま放っておくだけです。

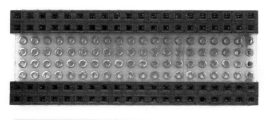

◆CPUボードと周辺ボードを接続するブリッジボード

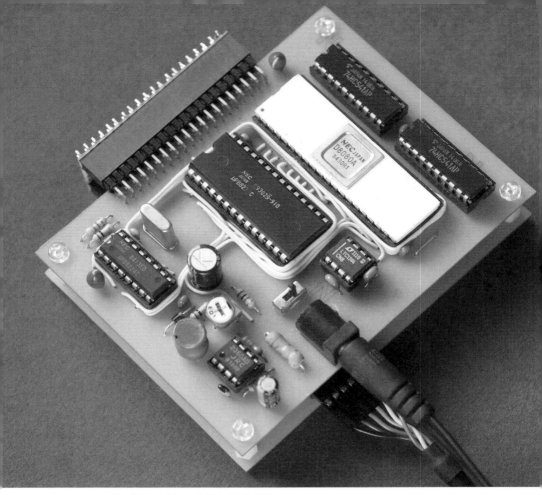

↑自作のコンピュータが完成した状態

　電源を入れて10分ほどするとICが熱を持ち、プリント基板に伝わって、そこはかとなくロジンの香りが漂います。いちばん発熱しているのは8224で、指で触れた感じ、50℃くらいです。次が8080で、たぶん40℃くらいでしょう。あと1時間ばかり様子を見て、もしICが壊れたら失敗です。失敗したときの予備として、ICはふたつずつ買ってあります。

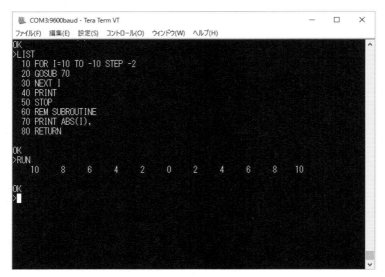

⬆自作したコンピュータで東大版タイニー BASIC が正常に動作した状態

　1時間後、見た目に何ら異常がなく、東大版タイニー BASIC も正常に動作しています。さらに3時間ほど放っておいて、問題が生じないことを確認しました。8080のコンピュータは、これで完成しました。ここへ至る工程は困難の連続でしたが、何とか乗り切ることができました。1970年代のホビイストたちならなおのこと熱い思いで乗り切ったはずです。

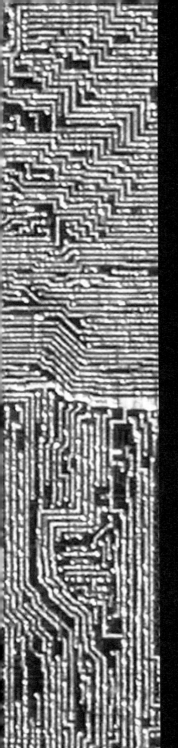

[第4章]
伝説の継承者

1 8085を動かす

[第4章]
伝説の継承者

⊕ 極めて地味な機能仕様で登場した8085

　1976年3月、インテルが8080の次のマイクロプロセッサ8085を発売しました。電源電圧が単一5V、速度が1.5倍、簡易的な割り込み機能と1本の入力ピンと1本の出力ピンを備えます。単体の8080と比べると、ほかにもいろいろと拡張されていて、列挙したらキリがありません。しかし、8080と8224と8228/8238の組み合わせに対する利点はそれくらいです。

　命令体系は、8080から全部の命令を受け継いだ上で、RIMとSIMが追加されました。このふたつに、簡易的な割り込み機能と1本の入力ピンと1本の出力ピンに関係する働きがガサッと詰め込まれています。命令を増やしたくなかったようで、8080の111個が113個になっただけです。そそっかしいプログラマが2個を見落としたら、8080とまったく同じです。

　このように、8085は控えめな姿で登場しました。インテルは、Altairに熱中するホビイストたちの需要を水ものと捉え、より堅実な道を選んだのです。あの手この手で2年を持ち堪えた8080が、もう限界を迎えていることは明らかでした。8085の役割は、最低、8080の需要を受け継ぎ、当面、制御の分野をおさえ、将来、16ビットの製品へつなぐことでした。

　8085とほぼ同時に制御用の周辺IC、8755と8155/8156が揃い、この一式がMCS-85と名付けられました。MCS-85は最低3個のICで制御用のコンピュータを作ることができました。制御用の分野は客観的な統計資料が乏しく、市場の反応を正確に掴むことが困難ですが、インテル自身は、投資家向けの報告書で「この分野のリーダーになった」と述べています。

↥インテルの8085（上）と8088（下）

　一方、画期的な新製品を期待していたホビイストたちは、8085のあまりに地味な機能仕様にがっかりさせられました。8085の4箇月あと、ザイログがZ80を発売しました。Z80は、8085とは対照的に、数多くの見栄えがいい働きを備えていました。ホビイスト向けのコンピュータで、それまで8080があった場所には、Z80が取り付けられることになりました。

　当時は誰も知り得なくて現在ならわかる事実があります。8085は、ひとつ前の8080より、ひとつあとの8088と似ています。8088は、乱暴にいうと、8085の外部構造を受け継ぎ、内部構造を16ビットに拡張したものです。たとえば、8085を使う前提で設計したコンピュータは、最低1個のICを追加するだけで、8088のコンピュータに更新することができます。

　8088は、IBM PCに採用されて実力を証明し、インテルの地位を確立しました。IBMは、IBM PCを発売する直前、8085を使った業務用のパソコンIBM System/23 Datamasterを完成させています。IBM PCに8088を採用した理由は、既存の設計を生かし、開発期間を短縮するためでした。8085は16ビットの製品へつなぐ役割もちゃんと果たしたのです。

⊕ 8085を使ったCPUボードの設計

制御用の機器に採用された部品は保守の需要が続くため、長く製造される傾向があります。8085は、さすがにもう製造されていませんが、まだ入手が可能です。たとえば、サンエレクトロの店頭で実物を見られるかもしれません(タイミングによります)。そこで、8080のかわりに8085を使い、互換性があって再現性の高いCPUボードを作ろうと思います。

8080がクロックジェネレータ8224に頼った機能は8085に内蔵されました。クロック生成用のピン(X_1とX_2)に6MHzの振動子を接続すると3MHzのクロックが生成され、8085が最高の速度で動作します。リセット($\overline{\text{RESET}}$)、レディ(READY)、周辺IC用のクロック出力(CLKOUT)とリセット出力(RESOUT)も、8085から直接、引き出すことができます。

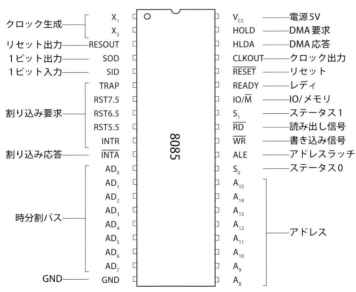

↑8085のピンの働き

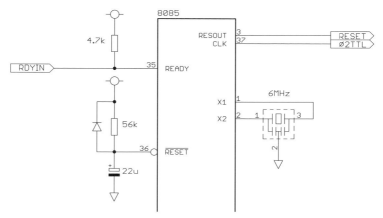

↑クロックジェネレータ8224に相当する内蔵機能

　8080が時分割バスに出力していたステータスは、8085だと同等の信号が直接出力されます。文字どおりのステータス（S_0とS_1）は、通常、使わず、IO/メモリ（IO/$\overline{M}$）、書き込み信号（$\overline{WR}$）、読み出し信号（$\overline{RD}$）の組み合わせで制御信号（$\overline{MEMR}$、$\overline{MEMW}$、$\overline{IOR}$、$\overline{IOW}$）を作ります。原始的なロジックで済むため専用ICはなく、外付け回路はTTLで構成します。

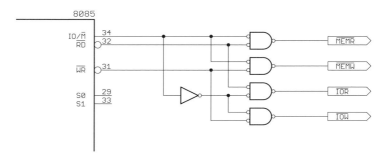

↑制御信号を生成するロジック（参考）

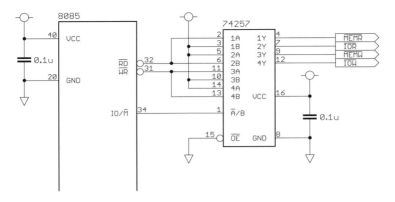

❶制御信号を生成する実用的な外付け回路

　理屈に忠実な設計だと、制御信号を作るロジックは、NOT（7404）と負論理のAND（7432）を使います。DMAをやるなら、さらに出力を無効にするロジックが必要です。こうしたTTLの数は、理屈に忠実でない設計によって激減します。8085のデータシートには全部の要求を74257（マルチプレクサ）ひとつで実現する、曲芸的な回路例が掲載されています。

　8085の時分割バスはデータバスとアドレスバスの下位8ビットが共有しています。アドレスを出力している期間はアドレスラッチ（ALE）がHになります。構造が明快なので、アドレスバスとデータバスはTTLひとつで分離できます。8085が現役のころはよく74373が使われました。現在だと、機能が同じでピン配置が配線しやすい74573のほうが便利です。

　8085のCPUボードは、8080のCPUボードにならい、DMAをやらないことにします。8085のDMA要求（HOLD）はGNDへつなぎ、雑音などの影響でDMAが始まってしまうことを防ぎます。DMA応答（HLDA）はどこへもつなぎません。外付け回路のふたつのTTL、74257と74573は、バス有効入力（$\overline{OE}$）をGNDへつなぎ、出力をつねに有効とします。

　8080のCPUボードは全部の信号にバッファが入っています。8085のCPUボードもそうしようと思いましたが、設計が一筋縄でいきません。

たとえば、データバスは双方向バッファと方向切り替え回路を取り付け、割り込みなどの特殊な転送を考慮しながら制御する必要があります。外付け回路が複雑になり、8085の持ち味を損なうため、ナシにしました。

8085の駆動能力はピンあたり2mAです。制御信号を出力する74257も同じくらいです。アドレスバスの下位8ビットのみ、74573がバッファを兼ねていて10mAくらいありますが、接続可能なICの数は駆動能力が低いピンに制約されるため、無駄に強力です。結局、規模の大きなシステムを構成することは無理で、現状、周辺ボードをつなぐのが精一杯です。

8080で比較的簡単にできたことが8085だとできない理由は、外付け回路の専用ICがなく、すべてをTTLで構成しなければならないからです。この事実は、8085の弱点をひとつ明らかにしています。システムの規模が小さければ問題がありません。しかし、ある一定の規模を超えると、とたんに設計が難しくなり、どうしても部品点数が増えてしまうのです。

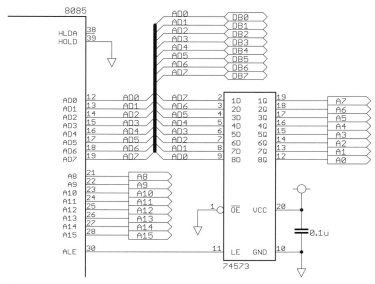

⬆時分割バスからアドレスバスとデータバスを分離する回路

参考までにいうと、8085の外部構造を受け継いだ8088もまた、規模の大きなシステムで部品点数が増える傾向があります。ただし、8088では、その問題をバスコントローラ8288が解決します。8288は外付け回路を劇的に簡略化する専用ICです。8085にもこの種の専用ICがあれば、パソコンの分野でZ80にやられっぱなしにはならなかったと思われます。

⊕ 8080から拡張された機能の取り扱い

　8085は5種類の割り込み機能を備えます。標準的な割り込みは、INTRで要求を受け付け、INTAで応答を返し、周辺ICから呼び出し系の命令を読み取ります。8080のCPUボードは、これと同じ割り込みで、8238からRST7を読み取ります。8085には8238に相当する専用ICがないので、この割り込みを使うとすれば、割り込みコントローラ8259が必要です。

　残りの4種類は簡易的な割り込みで、TRAP、RST5.5、RST6.5、RST7.5が要求を受け付け、8085自身が、RST4.5、RST5.5、RST6.5、RST7.5に相当する命令を生成します。周辺ICと命令の受け渡しをしない分、反応も素早いと想像されます（動作の詳細が不明です）。一方、決まった方法で決まったアドレスを呼び出すことしかできなくて、融通が利きません。

⬇8085の割り込み機能

ピン	優先順位	検出[注]	機能
TRAP	1（最優先）	エッジ×レベル	0024Hを呼び出す。マスク不能
RST7.5	2	エッジ	003CHを呼び出す
RST6.5	3	レベル	0034Hを呼び出す
RST5.5	4	レベル	002CHを呼び出す
INTR	5	レベル	INTAと一対で8259と連携する

[注] エッジは立ち上がりを検出

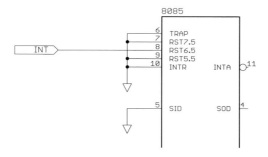

◑割り込み用ピンと1ビット入出力用ピンの取り扱い

　8085のCPUボードでは割り込み要求をRST6.5で受け付けることにします。8080のCPUボードとは割り込みかたが異なるため、プログラムの互換性は不完全です。もっとも、割り込みを使う限り、どう工夫しても完全互換にはなりません。無理なことは諦め、設計と製作の簡便さを優先しました。なお、割り込みを使っていないプログラムは完全互換です。

　割り込みを使ったプログラムを流用する場合、次の2点を修正します。第1に、SIMでRST6.5の割り込みを許可します。第2に、割り込み処理をアドレス0034Hから配置します。ひとつ困ったことにCP/Mのアセンブラは8085の命令体系を知りません。しかし、問題はRIMとSIMだけなので、マクロをふたつ定義すればMAC.COMでアセンブルできます。

◐MAC.COMで8085のプログラムをアセンブルするためのマクロ

```
    RIM     MACRO               ;RIMの定義
            DB      20H         ;機械語を配置
            ENDM                ;定義終了
;
    SIM     MACRO               ;SIMの定義
            DB      30H         ;機械語を配置
            ENDM                ;定義終了
```

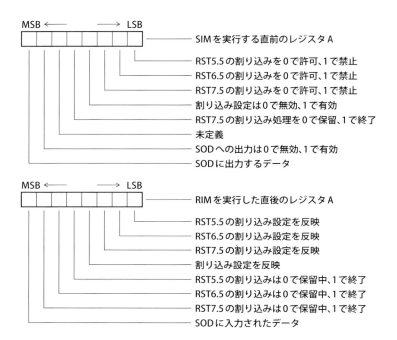

●SIMとRIMが取り扱うデータ

　1ビットの入力ピンSIDと出力ピンSODは、制御用のコンピュータならともかく、汎用のコンピュータだと効果的な使いみちが思い浮かびません。データシートにはプログラムによるシリアル通信ができると書いてありますが、やや強引な感じがします。いずれにしろ、8080のCPUボードには存在しない働きなので、SIDとSODは使わないでおきます。

　使わない入力ピン、TRAP、RST5.5、RST7.5、INTRとSIDは、雑音による誤動作を防ぐため、GNDに接続します。使わない出力ピン、INTAとSODは、どこにもつなぎません。結局、8085で拡張された機能は、あらかた無用の長物となっています。それでも、電源電圧が単一5Vで済むことから電源回路が簡略化され、部品点数を大きく減らすことができました。

⊕ 8085を使ったCPUボードの製作

　8085のCPUボードは少数の入手しやすい部品で構成されていて再現性に優れます。同じく再現性に優れた周辺ボードと組み合わせて、ぜひ1970年代のコンピュータを完成してください。8085は中古の同等品が比較的安価に販売されています。外付け回路は定番の部品です。プリント基板などの配線材料を除けば、部品代は総額1000円で済むはずです。

　プリント基板は感光基板で自作します。感光基板は、高価ではありませんが、製作し損なうと出費が嵩みます。周辺ボードはパターンが緻密すぎて製作に神経を使いました。もうこりごりなので、設計のルールを8080のCPUボードくらいに緩めます。パターンの引き回しは0.1インチあたり2本まで、ピンの間にパターンをとおすことは禁止としました。

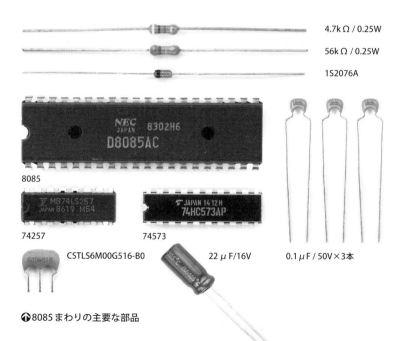

↑8085まわりの主要な部品

◐CPUボードの部品面

　8080のCPUボードと挿し替えが効くように外形寸法とバスの信号の並びを揃えます。信号の並びは8080の都合で決まっており、8085だとパターンの引き回しに苦労します。しかし、部品点数が少ない分、スペースに余裕があって、何とか遣り繰りできました。ひとつ、まともな方法ではうまくいかない部分があり、74573を逆向きに取り付けて解決しました。

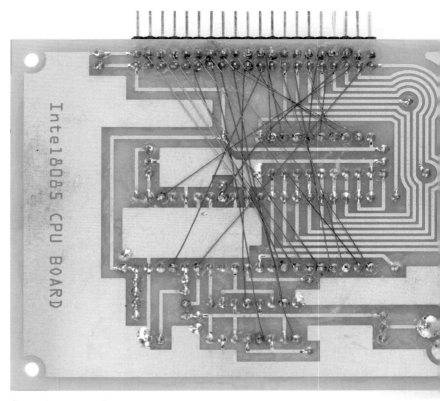

◓CPUボードのハンダ面

　パターンでつなげないところはポリウレタン線を使ってハンダ面でつなぎました。ポリウレタン線は、被覆が付いたまま部品の脚に巻き付け、その上からハンダ付けして熱で被覆を融かします。手間いらずですが、慣れがいります。熱しかたが足りないと被覆が融けませんし、熱しすぎるとポリウレタン線が膨張して巻き付けが緩み、跳ね上がって外れます。

　ポリウレタン線が跨いだランドをあとからハンダ付けすることは不可能です。行き当たりばったりで配線を始めたらいずれ行き詰ることが明白です。そこで、事前に配線の軌跡を予測し、ハンダ付けの順序を決めておきました。この種の地味な作業が性に合わない人は、なるべく細い（太いと周辺ボードに当たります）普通の電線で配線するのが現実的です。

⊕ 8085を使ったCPUボードの互換性

　8085は、8080の1.5倍にあたる3MHzで動き、同時に周辺ICへも3MHzを供給します。8251のAなし版（最高2.5MHz）は、このクロックに追随できません。周辺ボードには8251のA付き版（最高3MHz）か高速版（最高5MHz）を取り付けます。制御信号のほうは大丈夫です。メモリは、クロックではなく制御信号でタイミングをとるため、問題なく追随します。

　8080のCPUボードを8085のCPUボードに挿し替え、周辺ボードはそのままで、東大版タイニーBASICを動かしてみました。東大版タイニーBASICは割り込みを使っていないので、8080と完全互換です。電源を入れると無事に起動メッセージを表示し、以降のいろいろな操作にもすべて正常に反応しました。これで、8085のコンピュータが完成しました。

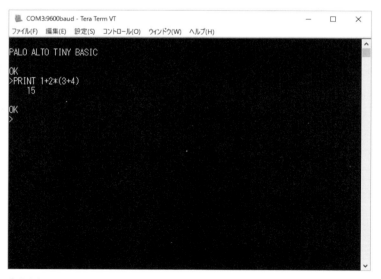

↑東大版タイニーBASICを起動し、簡単なテストをした例

⬆8085のコンピュータが完成した状態

　8085は8080と打ってかわってクールです。8080のCPUボードで猛烈に発熱したクロックジェネレータが内部にあって1.5倍の頻度でスイッチングしているにもかかわらず、ほとんど発熱しません。過去2年に進化した製造技術の賜物でしょう。一方、設計技術は進化したように見えません。主要な技術者が、ごっそりザイログへ移ったせいだと思います。

2 MCS-85を作る

[第4章]
伝説の継承者

⊕ MCS-85が構成するコンピュータの概要

　インテルは4004とファミリーのICをMCS-4と名付けて以降、8008をMCS-8、8080と周辺ICをMCS-80、8085と関連のICをMCS-85と呼びました。「MCS」は、本来、単純な組み合わせでコンピュータが完成する、一群のICを指します。単独の8008を指すMCS-8は明らかにインチキです。MCS-80も組み合わせに面倒な回路を必要とし、無理やりな印象です。

　MCS-85は、8085と8755と8155/8156の一式を指すものとすれば、まさに「MCS」です。8755は、2KバイトのEPROMと16本の汎用ポートを備えます。8155/8156は、256バイトのRAMと14ビットのタイマと22本の汎用ポートを備えます。8155と8156は、機能が同じで、チップセレクトの極性が逆になっています。8755と相性がいいのは8156のほうです。

　8085と8755と8156は、大半のピンをただ並列につなぐだけで、完璧な制御用のコンピュータが完成します。当時、もし理想的なパッケージと製造技術があったら全部をひとつのICに集積したことでしょう。現実にそれは無理なので、ピンと機能を3個のICに振り分けた格好です。こうしたMCS-85の成り立ちが、MCS-4とそっくりなことは注目に値します。

　MCS-85とMCS-4は機能仕様にたくさんの共通点があります。たとえば、時分割バスを分離しないままつないで配線を減らしたり、チップセレクトに工夫があって複数のICがアドレスデコーダなしにつながったりするところです。8085が使いみちの不明瞭な1本の入力ピンを備えていることも、4004のTESTに相当するものと考えれば説明が付きます。

⬆ MCS-85を構成する8755同等品（上）、8155同等品（中）、8156同等品（下）

　振り返るとMCS-4は、機能的に未熟ながら、構造的に使いやすい製品でした。次の製品、MCS-8とMCS-80は、機能の強化を優先し、使いやすさを後退させました。その選択をした技術者は、ザイログへ移ってさらなる機能の強化に努めました。MCS-85は、インテルで彼らの後任に就いた技術者が、原点に戻り、あらためて使いやすさを追及した製品です。

　端的にいえば、8085は8080の後継であり、MCS-85はMCS-4の機能拡張版です。8085が8080の代役を果たし、よりクールに動くことは、CPUボードを作って、すでに検証してあります。今度は制御用のコンピュータを作り、MCS-85としてのもう一面を見てみます。8755と8156は、まだ入手できますが在庫が僅少です。再現性は中くらいと思ってください。

CHAPTER●2—MCS-85を作る

⊕ 8755と8156の機能仕様

　8755はEPROMと汎用ポートを備えた周辺ICです。EPROMは容量が8ビット×2048です。汎用ポートは8本×2ポートで、ピンごとに入出力の方向を決められます。速度は8085の標準版（最高3MHz）に追随します。高速版（最高5MHz）には追随しません。困ったことに、ウェイトを掛けるピンREADYは、追随できない8085にウェイトを掛けられません。

　チップセレクトは負論理の$\overline{CE}$と正論理のCEを備え、アドレスデコーダなしに最大5個がつながります。EPROMはメモリのアドレス空間に割り当てられ、汎用ポートは入出力のアドレス空間に割り当てられます。読み出し信号$\overline{RD}$はメモリと汎用ポートを自動的に区別します。これとは別に汎用ポートの読み出し信号$\overline{IOR}$がありますが、事実上、不要です。

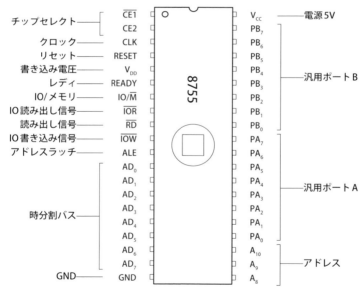

↑8755のピンの働き

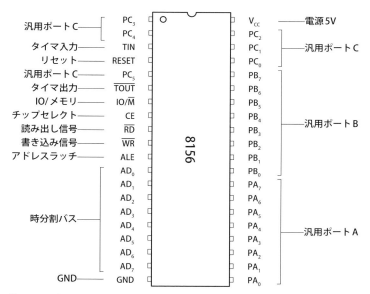

⬆8156のピンの働き

　8156はRAMとタイマと汎用ポートを備えた周辺ICです。RAMは容量が8ビット×256です。タイマは14ビットで、TINにカウントクロックを与え、$\overline{\text{TOUT}}$から結果を得ます。汎用ポートは8本×2ポートと6本×1ポートです。ピンはポート単位で入力か出力かを決められるほか、全部を使ってハンドシェイク付き8ビットパラレル双方向通信ができます。

　チップセレクトは正論理のCEで、アドレスデコーダなしに8755と共存します。RAMはメモリのアドレス空間に割り当てられ、タイマと汎用ポートは入出力のアドレス空間に割り当てられます。速度は8085の標準版に追随します。8085の高速版には追随しません。8156の高速版なら追随しますが、8755の高速版がないため、組み合わせが成立しません。

　8085と8755と8156をひとつずつ使う最小の構成はMinimum MCS-85 Systemと呼ばれ、回路図からプリント基板の原稿まで、インテルの標準

設計が公開されています。これにならい、制御用のコンピュータを作ります。ただし、機械的な丸写しはできません。標準設計はたびたび改訂されていますし、マニュアルに掲載された回路図は誤植だらけです。

⊕ MCS-85の接続とアドレスマップ

8755と8156は、自分自身で時分割バスをアドレスバスとデータバスに分離し、ステータス相当の信号から制御信号を作るため、8085のAD0〜AD7、ALE、IO/$\overline{M}$、$\overline{RD}$、$\overline{WR}$を直結することができます。A8〜A10、CLK（クロック）、RESOUT（リセット）は、もともと直結していい信号です。結果として、大半のピンが最少の事務的な配線でつながります。

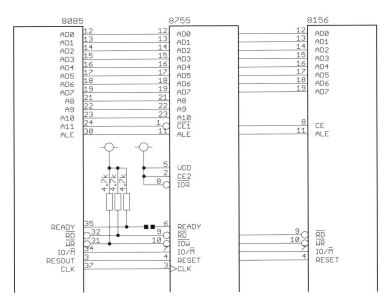

🔻8085と8755と8156の接続

標準設計は改訂2版で読み書き信号の$\overline{\text{RD}}$と$\overline{\text{WR}}$にプルアップを追加しました。2本の抵抗は、回路図に書き加えられましたが、プリント基板の原稿にはなく、土壇場で逡巡した形跡が見られます。普通は不要です。しかし、$\overline{\text{RD}}$や$\overline{\text{WR}}$が無効となる状況はわずかながら存在し、雑音で誤動作する恐れがあるため、プルアップしておくに越したことはありません。

あとひとつ、アドレスバスの余ったピンでチップセレクトを作ります。最少の配線で済ませるとすれば、8085のA11～A15のうちどれか1本を8755の$\overline{\text{CE1}}$と8156のCEにつなぎます。入出力アドレスは8085のA0～A7にしか出ませんが、8755の$\overline{\text{CE1}}$と8156のCEは入出力アドレスの256倍に反応するようです。したがって、この配線で全部がうまくいきます。

最少の配線はゴーストを生じるので名目上のアドレスマップを定義しておきます。メモリアドレスは0000H～07FFHがEPROM、FF00H～FFFFHがRAMです。入出力アドレスは00Hから8755のレジスタ、F8Hから8156のレジスタが並びます。ゴーストのおかげで、チップセレクトにA11～A15のどれを使ったとしても、この定義が当てはまります。

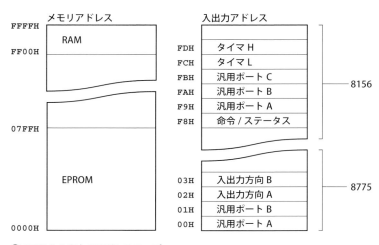

↑メモリと入出力のアドレスマップ

8755と8156は、A12〜A15を1本ずつCE2かCEにつなぐ方法で、あと4個まで追加することができます。この配線は、事情にうといプログラマが複数のICを同時に選択しかねない、最悪のゴーストを生じます。制御用のコンピュータは、そういうことを気に掛けません。ソフトウェアとハードウェアを一体のものとして同じチームが開発するからです。

⊕ 制御用コンピュータの設計

　8085は外部にリセット回路と6MHzの振動子を取り付けます。DMAはやらないので、DMA要求（HOLD）をGNDへつなぎます。割り込みは、性格が対照的なRST6.5とRST7.5を軽くプルダウンしてコネクタへ引き出し、それ以外はGNDへつないで無効とします。1ビットの入出力ピンは、SIDをプルアップし、SODは何もせずにコネクタへ引き出しました。

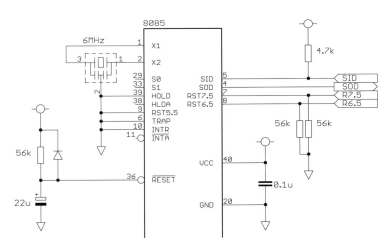

⬆8085まわりの回路

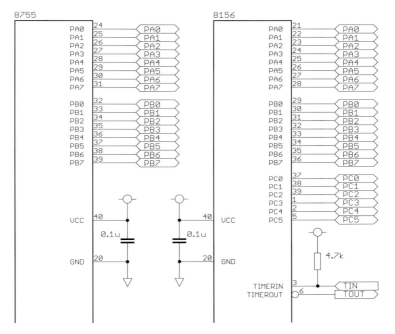

⬆8755と8156の周辺機能の処理

　周辺機能は全部のピンをコネクタへ引き出します。そのうち、何もつながないと誤動作しそうなピンについてのみ、最低限の対策を施しました。タイマは、入力側のピンTINをプルアップします。汎用ポートは、応用が決まるまで、対策がいるかどうかを判断できません。たぶん放っておいて大丈夫ですが、念を入れるなら、プログラムで出力に設定します。

　ちなみに、標準設計は8085の$\overline{\text{RD}}$と$\overline{\text{WR}}$とREADYをプルアップしている以外にプルアップもプルダウンもありません。DMA要求や割り込みまで、そのままコネクタへ引き出しています。もし単独で電源を入れたら、動作しないか、ちょっとしたはずみで誤動作すると思われます。きっと、応用が決まってから外部の回路で対策をとる想定なのでしょう。

標準設計との違いは、誤動作防止のプルアップ、DMAを無効にしたこと、割り込みをRST6.5とRST7.5に絞ったことです。いずれも、機能を安定させたり制限したりする方向での変更です。本当は、8085のクロックをコネクタに引き出したいのですが、機能を拡張する変更になるので思いとどまりました。当面、冒険を避けて無難に動かすほうを優先します。

⊕ 制御用コンピュータの製作

　現在、MCS-85に相当するマイコンは数百円で売られており、単なる部品として、よく電子工作の製作物に組み込まれます。しかし、部品代だけで100ドルに達する本物のMCS-85が趣味の製作物にひとつ使い切りにされたはずがありません。たいていは電子機器のメーカーが製品に組み込んだと思われるので、そういう観点から、製作の工程を辿ってみます。

　製作例は、プリント基板製造サービスを利用して両面のプリント基板を起こしました。インテルが公開しているプリント基板の原稿は、もともと標準設計の回路図と食い違っていたところへもう3本の抵抗を追加したせいで、もはや役に立ちません。8085と8755と8156の並べかただけ一致させ、それ以外の部品配置とパターンの引き回しは独自設計です。

　8085と8755と8156は、若松通商の通販サイトを探検し、奥深いところから掘り起こしました。インテルの製品は見付からなくて、いずれも他社の同等品です。8755は格安の再生品で、外観が少し傷んでいます。差し当たり機能への影響は見られませんが、書き換えを繰り返すうちに動かなくなる恐れがありますから、慎重に取り扱わなくてはなりません。

　電源はACアダプタからとることにしてDCジャックを取り付けます。通常、DCジャックは脚が板状なので、プリント基板に長穴の特殊加工を施しますが、脚が棒状の製品を選び、丸穴で済ませました。コネクタは、ただのピンヘッダではなく、ボックスヘッダとしました。取り付けスペースを余計に必要とするかわり、これで平行ケーブルの逆挿しが防げます。

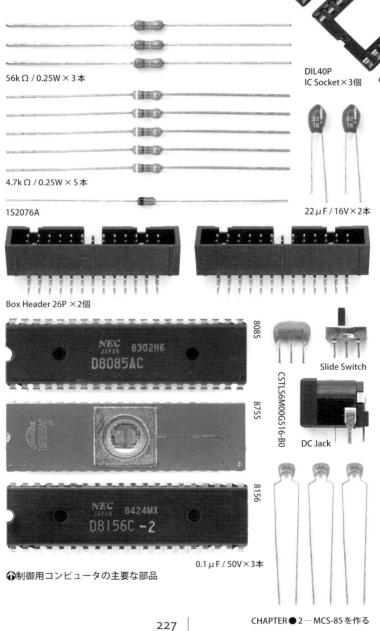

❶制御用コンピュータの主要な部品

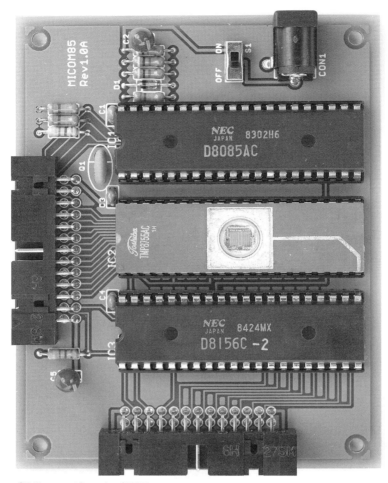

❶制御用コンピュータの部品面

　プリント基板の外形寸法と取り付け穴の位置は、いわゆるBタイプのユニバーサル基板に合わせました。ですから、応用回路をユニバーサル基板に組み立てて、スペーサで重ねることができます。コネクタは、信号の性質でふたつに分けました。ひとつは一般的な入出力用、もうひとつはハンドシェイク付き8ビットパラレル双方向通信をするものです。

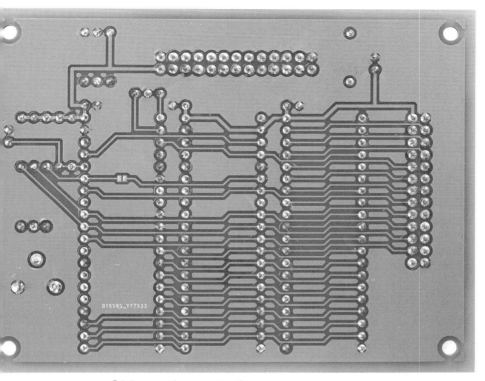

↑制御用コンピュータのハンダ面

　8085と8755と8156はピン配置が練り上げられていて、流れるようなパターンでつながります。8085と8755のレディはソルダパッドで切断してあり、ここへハンダを盛ってショートさせるとウェイトが掛かります。8085のクロック出力と8156のタイマ入力も同様に引き回そうかと思いましたが、それはこの製作例がうまく動いたあとの課題としました。
　プリント基板のおかげで組み立てはアッという間に終わります。実際は、プリント基板の製造に3週間を要しているのですが、電子機器のメーカーだったらお手のものでしょう。MCS-85は、製品への組み込みで重宝されたと思われます。この製作例を動かすには、8755にプログラムを書き込む必要があります。その工程は、アッという間に終わりません。

3 | 8755に書き込む
[第4章]
伝説の継承者

⊕ インテルの書き込み装置を調べる

　自作した制御用のコンピュータを動かすために、引き続き、8755の書き込み装置を自作します。内外の古い雑誌にいくつか参考になる製作例があると思ったのですが、いくら探しても見付かりません（ことによってはこの原稿が世界で最初の製作例になります）。何かしらの手掛かりを求めて、インテルの書き込み装置がどうなっているのかを調べました。

　代表的な書き込み装置は、こうです。INTELLEC MDS（開発支援装置）にUPP（汎用書き込み装置）をつなぎ、UPPの内部にUPP-955（8755書き込みモジュール）を挿し、フロントパネルのゼロプレッシャソケットにUP-2（8755アダプタ）を継ぎ足します。書き込みにあたっては、UP-2に8755を取り付け、INTELLEC MDSで書き込みソフトを走らせます。

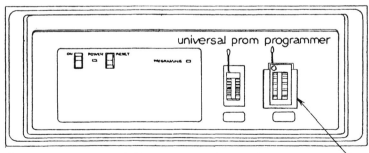

⬆UPP Reference Manualに掲載された8755への書き込み説明図

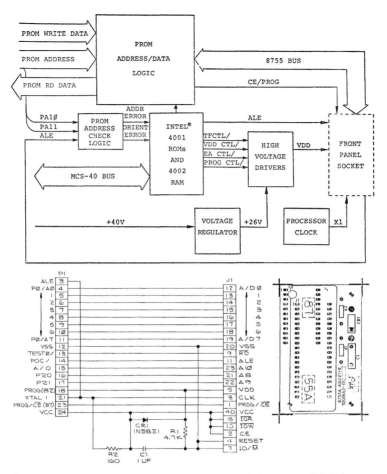

🔼 UPP Reference Manualに掲載されたUPP-955の構成（上）とUP-2の内容（下）

　書き込み装置で重要な役割を果たすのは書き込み信号を作るUPP-955です。回路の構成を調べると、この時代でもまだ4001や4002が使われています。書き込み信号は、肝腎なところがプログラムで遣り繰りされていて、詳細がわかりません。幸い、UP-2の回路図が見付かり、信号の名前が書き込んであったので、だいたいのところは見当が付きました。

231　　　CHAPTER●3─8755に書き込む

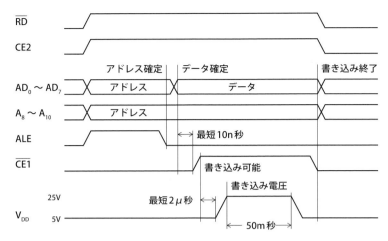

●8755へ書き込む手順

　8755のデータシートは書き込みの手順をタイミングチャートひとつで説明しています。何もないよりはとても親切ですが、乱暴すぎて一抹の不安が残ります。たとえば、まったく言及していないIO/メモリ（IO/$\overline{M}$）は、メモリを選択しておくべきではないかと疑われます。こうしたところは、UP-2の回路図などと突き合わせて判断しようと思います。

⊕ マイコンで間に合わせの書き込み装置を作る

　書き込み装置はマイクロチップテクノロジーのマイコン、PIC18F4525を中心に構成しました。PIC18F4525は簡単に動く平凡な機能をたくさん備えており、書き込みかたが今ひとつハッキリしない書き込み装置で試行錯誤するのに向いています。出来上がりが泥臭い恰好になりそうですが、予備を含めて2個しかない8755を書き込む限りは許容の範囲です。

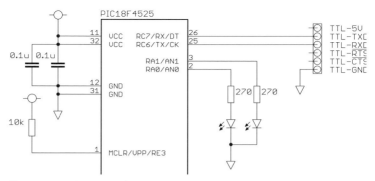

↑PIC18F4525まわりの回路

　PIC18F4525は振動子込みのクロックジェネレータとリセット回路を内蔵しています。ただ動けばいいという場合の外付け部品は、電源のバイパスコンデンサと、せいぜいファームウェアの書き込みを助ける抵抗くらいです。書き込み装置では、これに加えて動作確認用のLEDと端末接続用のピンヘッダを取り付け、残りのピンで書き込み信号を作ります。

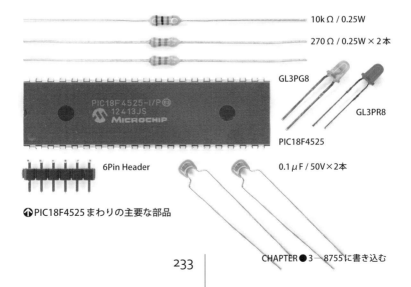

↑PIC18F4525まわりの主要な部品

CHAPTER●3─8755に書き込む

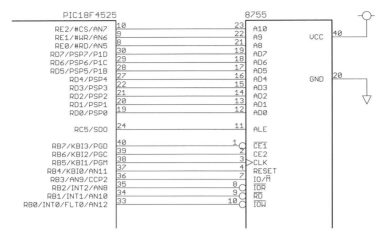

↑8755のTTLレベルのピンとPIC18F4525の接続

　PIC18F4525は電源電圧が5Vで、汎用ポートが最大36本あります。そのため、8755のTTLレベルのピンに汎用ポートを1本ずつ割り当てることができます。これで、正しい書き込みかたがどうであれ、ファームウェアの書き換えで対応し、配線を変更する必要がありません。なお、書き込み装置では8755のかわりにゼロプレッシャソケットを取り付けます。

↑書き込み装置に使用したゼロプレッシャソケット

⊕ TL497で書き込み用の25Vを作る

8755の書き込み電圧V_{DD}は通常が5V±0.25Vで、書き込みのとき50mﾘ秒だけ25V±1Vへ上げます。この手順を実現するため、V_{DD}の前に5Vと25Vの切り替えスイッチを置き、PIC18F4525の汎用ポートで切り替えます。切り替えスイッチは電圧のロスを生じるので、もとの電圧を少し高めにしておきます。その25V+αは、主電源の5Vを昇圧して作ります。

昇圧回路は負荷の変動（切り替えスイッチのオン/オフ）に素早く反応しなければならないという点で、2716と設計の条件が異なります。2716は25Vへ上げておいて$\overline{CE}$のパルスで書き込みますが、8755は25Vのパルスで書き込むからです。2716の書き込みに使った安上がりな昇圧回路は、電圧が安定するまで時間が掛かり、8755の書き込みに適しません。

負荷の変動に強いことで定評があるのが、TIのスイッチング電源IC、TL497です。1976年に発売された8755の同級生ですが、まだ現役です。内部の構造は古典的なアナログで、電力効率がやや劣るのと引き換えに、動作がとても滑らかです。書き込み1回あたり50mﾘ秒だけの電力効率が全体に与える影響は無視できるので、昇圧回路はTL497で作りました。

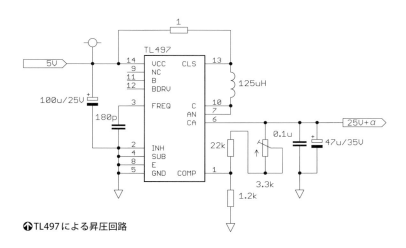

🔺TL497による昇圧回路

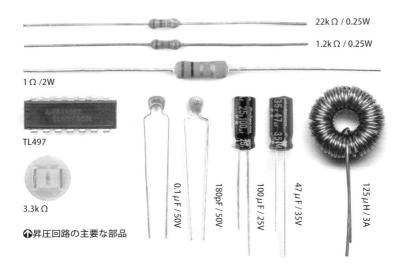

○昇圧回路の主要な部品

書き込み電圧V_{DD}の消費電流は、標準15mA、最大30mAです。5Vから25Vへ切り替えたときの立ち上がり波形をオシロスコープで観測すると、負荷15mAで定規を当てたように直角です。負荷30mAだと、多少、頑張っている様子が感じられますが、やはり、ほぼ直角となりました。これなら、8755の書き込み装置に応用しても十分に書き込みが可能です。

●負荷約15mAの波形　　●負荷約30mAの波形

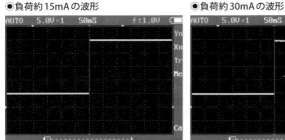
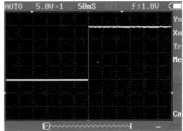

○昇圧回路の立ち上がり波形

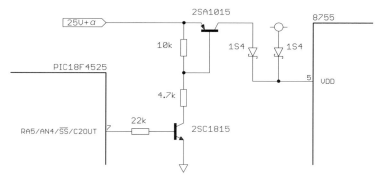

⬆5V / 25V切り替えスイッチの回路

　5Vと25Vの切り替えスイッチはトランジスタとダイオードで構成します。トランジスタは25V+aをオン／オフし、その出力か主電源か、電圧が高いほうをダイオードが通過させます。ダイオードは、多少、電圧をロスします。昇圧回路はロスを見込んでいます。主電源は電圧が低下しますが、消費電流が小さいので、些少にとどまることを期待します。

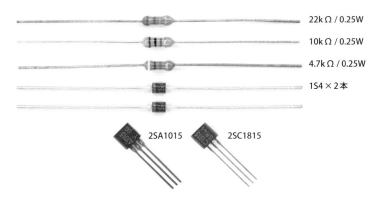

⬆5V / 25V切り替えスイッチの主要な部品

⊕ 書き込み装置のハードウェアを組み立てる

　組み立てにあたり、感光基板でプリント基板を作りました。CPUボードと同じ低精度向きの設計のルールで大半の配線が完了し、電線を6本しか使いません。8755の数本のピンは、無効に固定していいと思われますが、念のためにPIC18F4525の汎用ポートへつないでいます。ゆくゆく無効でいいと判明すれば、パターンの引き回しはもっと簡略化されます。

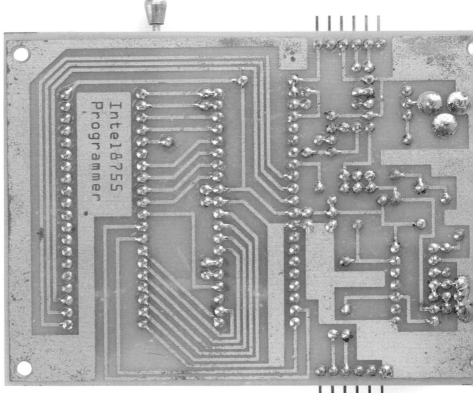

🡥書き込み装置のハンダ面

↑書き込み装置の部品面

　書き込み装置は端末から操作することにしてPIC18F4525のシリアルの信号をピンヘッダへ引き出しました。信号の並びはFTDIのUSB-シリアル変換ケーブルTTL-232R-5Vに合わせてあり、これでパソコンと接続し、端末ソフトを使う想定です。通信形式は、非同期、データ長8ビット、1ストップビット、パリティなし、通信速度は9600ビット/秒とします。

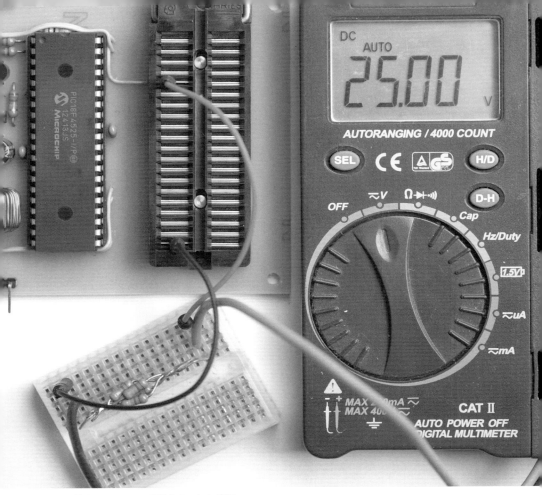

⬆書き込み電圧の調整を完了した状況

　PIC18F4525で5Vと25Vの切り替えスイッチをオンにするごく簡単なファームウェアを走らせ、書き込み電圧を調整しました。この作業は、書き込み装置の組み立ての確認を兼ねています。調整はうまくいき、組み立ては完了しました。書き込みが成功するかどうかまでは予測が付きませんが、ファームウェアの書きかた次第で成功することが確実です。

⊕ 書き込み装置のファームウェアを作る

　書き込み装置は制御の一部始終をPIC18F4525のファームウェアで行い、パソコンはただの端末としてつなぎます。そのため、書き込みソフトは存在しません。書き込みの操作は端末に表示されるメニューから先頭の1文字で選択する恰好になります。なお、ファームウェアの開発には無料のMPLAB X IDE開発環境とMPLAB XC8コンパイラを使いました。

　書き込み装置は書き込みに先立ち、8755の$\overline{RD}$、$\overline{IOR}$、$\overline{IOW}$を無効（H）、CLKをLに固定、IO/$\overline{M}$はメモリを選択した状態（L）にします。これらのピンはこの状態でいいはずですが、RESETの取り扱いを判断しかねたので、メニューの[R]でリセットするようにしました。のちのテストにより、この操作は不要で、RESETは無効（L）でいいことがわかりました。

◉書き込み装置のメニューと機能

キー操作	選択される機能
[R]または[r]	8755をリセットする
[L]または[l]	インテルHEX形式の機械語をバッファに読み込む
[B]または[b]	バッファの内容をすべて表示する
[W]または[w]	バッファの内容をすべて8755のEPROMへ書き込む
[D]または[d]	8755のEPROMの内容をすべて表示する

CHAPTER ● 3 ― 8755に書き込む

メニューの[L]は端末に「Ready.」と表示してインテルHEX形式の機械語が転送されるのを待ち、解読してバッファへ読み込みます。インテルHEX形式のファイルは機械語を文字列で記録しており、たいていの端末ソフトはコピーとペーストで転送することができます。転送に成功したかどうかは、[B]でバッファの内容を表示してみるとわかります。

　メニューの[W]はバッファの機械語を8755へ書き込みます。ブランクは書き込みを省略して時間を縮めますが、最長、1分半が掛かります。暴走していないことを明らかにするため、32バイトごとに「.」を表示します。これが64個並んだところで書き込みは終了です。書き込みに成功したかどうかは、[D]でEPROMの内容を表示してみるとわかります。

　意外なことに、書き込み装置は最初のテストで書き込みを成功させました。書き込んでみたのは制御用のコンピュータをテストするプログラ

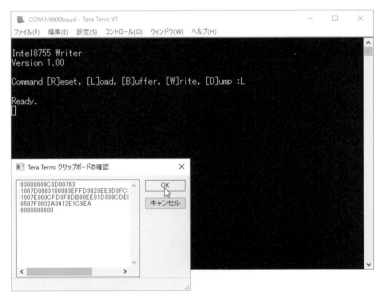

⬆インテルHEX形式の機械語を転送する操作例

```
COM3:9600baud - Tera Term VT                                    —   □   ×
ファイル(F)  編集(E)  設定(S)  コントロール(O)  ウィンドウ(W)  ヘルプ(H)
06E0: FF,FF,FF,FF,FF,FF,FF,FF,FF,FF,FF,FF,FF,FF,FF,FF
06F0: FF,FF,FF,FF,FF,FF,FF,FF,FF,FF,FF,FF,FF,FF,FF,FF
0700: FF,FF,FF,FF,FF,FF,FF,FF,FF,FF,FF,FF,FF,FF,FF,FF
0710: FF,FF,FF,FF,FF,FF,FF,FF,FF,FF,FF,FF,FF,FF,FF,FF
0720: FF,FF,FF,FF,FF,FF,FF,FF,FF,FF,FF,FF,FF,FF,FF,FF
0730: FF,FF,FF,FF,FF,FF,FF,FF,FF,FF,FF,FF,FF,FF,FF,FF
0740: FF,FF,FF,FF,FF,FF,FF,FF,FF,FF,FF,FF,FF,FF,FF,FF
0750: FF,FF,FF,FF,FF,FF,FF,FF,FF,FF,FF,FF,FF,FF,FF,FF
0760: FF,FF,FF,FF,FF,FF,FF,FF,FF,FF,FF,FF,FF,FF,FF,FF
0770: FF,FF,FF,FF,FF,FF,FF,FF,FF,FF,FF,FF,FF,FF,FF,FF
0780: FF,FF,FF,FF,FF,FF,FF,FF,FF,FF,FF,FF,FF,FF,FF,FF
0790: FF,FF,FF,FF,FF,FF,FF,FF,FF,FF,FF,FF,FF,FF,FF,FF
07A0: FF,FF,FF,FF,FF,FF,FF,FF,FF,FF,FF,FF,FF,FF,FF,FF
07B0: FF,FF,FF,FF,FF,FF,FF,FF,FF,FF,FF,FF,FF,FF,FF,FF
07C0: FF,FF,FF,FF,FF,FF,FF,FF,FF,FF,FF,FF,FF,FF,FF,FF
07D0: 31,00,00,3E,FF,D3,02,3E,E3,D3,FC,3E,78,D3,FD,3E
07E0: CF,D3,F8,DB,00,EE,01,D3,00,CD,EF,07,C3,E3,07,E5
07F0: 2A,34,12,E1,C9,FF,FF,FF,FF,FF,FF,FF,FF,FF,FF,FF
Command [R]eset, [L]oad, [B]uffer, [W]rite, [D]ump :W
..................................................
Command [R]eset, [L]oad, [B]uffer, [W]rite, [D]ump :
```

🔼バッファの内容を表示したあと書き込みを実行した操作例

ムです。したがって、必要なことはもうできてしまいました。普通は引き続き操作性の改善など細部の詰めに取り組むのですが、書き込み装置は手段であり、目的ではないので、これをもって製作を終了します。

⊕ 制御用のコンピュータでLEDを点滅させる

　制御用のコンピュータが正常に動作するかどうかを確認するにはプログラムと最低ひとつの出力装置が必要です。通例にしたがいLEDの点灯回路を外付けしてプログラムで点滅させてみます。点滅の周期が極端に短いと暗く点灯しているように見えて成否の判断を誤りがちです。ぴったり1秒を狙うことにして、退屈なテストの工程にいろどりを加えます。

周期1秒の点滅は、こうやります。8755は汎用ポートPA0を出力に設定します。8156はタイマにカウント値14563を設定します。8085は初期設定を終えてすぐ無限ループに入り、103クロックごとにPA0の出力を反転させます(14563Hz)。それを8156のタイマ入力で受け、タイマ出力に周期14563カウントの信号(1Hz)を出し、これでLEDを点滅させます。

　1970年代のマイクロプロセッサはキャッシュやパイプラインがなく、クロックにしたがい整然と動作するため、こういう計算が成り立ちます。ちなみに、8085の実行クロック数は命令により8080より増えたり減ったりしており、8085の命令一覧で計算した動作は8080のプログラムに当てはまりません。その意味で、8085と8080は完全に互換ではありません。

　テストのための配線は、こうなります。8755の汎用ポートPA0は8156のタイマ入力につなぎます。8156のタイマ出力はLEDの点灯回路につなぎます。LEDの点灯回路はトランジスタのスイッチを介して点灯と消灯を切り替えます。LEDはタイマ出力がHの期間(0.5秒)に点灯し、Lの期間(0.5秒)に消灯します。なお、これらのほかに電源の配線が必要です。

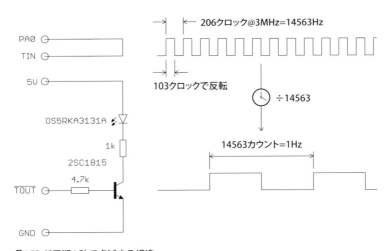

🔼LEDが周期1秒で点滅する構造

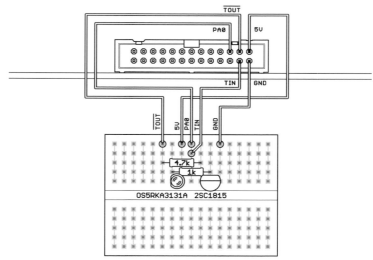

☝制御用のコンピュータ（一般入出力用コネクタ）とLED点灯回路の接続

　LEDの点灯回路は部品点数が少ないのでブレッドボードに組み立てました。ブレッドボードの回路は、ただ部品を挿すだけでつながります。制御用のコンピュータとブレッドボードはジャンパワイヤでつなぎます。意図したわけではありませんが、これで、電子工作における電子回路の組み立てかたと配線の方法をひととおり紹介したことになります。

⬇テストプログラムのソース TEST85.ASM

```
;       TEST85.ASM
;       BLINK LED
;       8085 + 8755 + 8156
;
PORTA   EQU     00H             ;8755の汎用ポートAのアドレス
DDRA    EQU     02H             ;8755の入出力方向Aのアドレス
CSREG   EQU     0F8H            ;8156の命令/ステータスのアドレス
TIMRL   EQU     0FCH            ;8156のタイマLのアドレス
TIMRH   EQU     0FDH            ;8156のタイマHのアドレス
;
;       RESET VECTOR
        ORG     0000H           ;リセット解除後0000Hから開始
        JMP     MAIN            ;MAINへ分岐
;
;       MAIN ROUTINE
        ORG     07D0H
MAIN:   LXI     SP,0000H        ;スタックポインタを設定
        MVI     A,0FFH          ;入出力方向AへAの転送はAを経由
        OUT     DDRA            ;入出力方向Aをすべて出力に設定
        MVI     A,0E3H          ;タイマLへの転送はAを経由
        OUT     TIMRL           ;カウント値Lを設定
        MVI     A,78H           ;タイマHへの転送はAを経由
        OUT     TIMRH           ;カウント値Hと方形波連続出力を設定
        MVI     A,0CFH          ;命令/ステータスへの転送はAを経由
        OUT     CSREG           ;タイマの動作を開始
;
;       LOOP(55clocks)
LOOP:   IN      PORTA           ;ポートAの状態をAに転送
        XRI     01H             ;最下位ビット(PA0)を反転
        OUT     PORTA           ;AをポートAに転送
        CALL    DELAY           ;時間を潰す
        JMP     LOOP            ;LOOPへ分岐
;
;       SUBROUTINE(48clocks)
DELAY:  PUSH    H               ;HとLをスタックへ退避
        LHLD    1234H           ;HLに1234H(ダミー)を転送
        POP     H               ;HとLをスタックから復帰
        RET                     ;サブルーチンを終了
;
        END     0000H           ;0000Hから開始
```

テストのためのプログラムは、もしうまく動かなかったとしても8755を消去しなくて済むように、EPROMの後半へ寄せてあります。アドレス0000Hから始まることは同じですが、ただちに分岐して、07D0Hから継続します。こうすると、分岐先を0300Hや0100HやNOP×3個（0003Hから開始）などに変更しながら、消去なしに数回の上書きができます。

　8156のタイマは初期設定だけやってもうプログラムが関与しません。8755の汎用ポートPA0は初期設定のあとプログラムで上下に振ります。上下の切り替えは103クロック間隔でなければならないため、無駄なサブルーチンを呼び出して時間を潰します。サブルーチンの呼び出しと終了にはスタックを使うので、これは8156のRAMのテストにもなります。

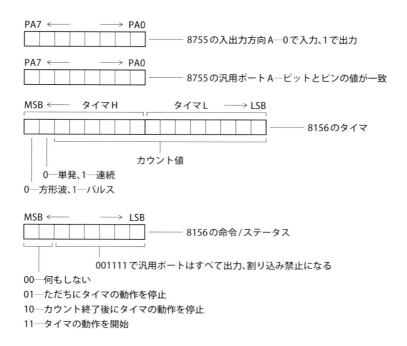

↑テストプログラムに関係するレジスタの役割（凡例の値は2進数）

❶制御用のコンピュータがLEDの点滅に成功した状態

　プログラムをCP/MのASM.COMでアセンブルし、インテルHEX形式の機械語を書き込み装置へ転送し、8755へ書き込んで制御用のコンピュータに取り付けます。電源を入れると、LEDは期待どおりに点滅してくれました。タイマ出力に周波数カウンタを当てたところ、表示はぴったり1Hzでした。制御用のコンピュータは無事に完成しました。

8085が動いたことをもって、本書は1970年代を網羅し、与えられた役割を果たしました。振り返れば8080を入手してからこのかた、貴重な体験の連続でした。私の仕事は事実を正確に書き記すことですが、幾度となく感動の場面に遭遇し、正直、行きすぎた表現を抑えるのがたいへんでした。あと少し残された紙面は、筆の赴くままに埋めさせてください。

　8085が8086/8088へ切り替わるころ、私は電子工学を学ぶ学生でした。学生の経済力に照らしてコンピュータは現実感の薄い存在であり、興味の対象はおもにオーディオでした。コンピュータの製作に取り組む人がいることは承知していましたが、いったいどんな生活環境がそんな散財を許すのか、見当が付きませんでした。この疑問は数年後に氷解します。

　8086/8088が80286へ切り替わるころ、私は理工学系の出版社に勤務していました。同僚に複数の常軌を逸したホビイストがいました。彼らは給料の大半をコンピュータに注ぎ込み、借金で生活していました。そんな傾倒ぶりを目の当たりにして理解できたことがあります。初期のコンピュータに取り組んだ人たちは、熱い思いが経済力を凌駕したのです。

　現在は状況が一変し、さほど頑張らなくてもコンピュータを買ったり作ったりすることができます。私は、さまざまなコンピュータの製作に取り組んでいます。その中で実物の8080を動かす工程は、ほかの製作物と趣がやや異なりました。折りに触れていつか同僚から聞かされたエピソードが蘇り、だんだんひとつのストーリーにつながっていくのです。

　私のパソコンはビル・ゲイツがBASICの開発に使ったミニコンより遥かに高速です。スティーブ・ウォズニアクとスティーブ・ジョブズが身のまわりの金目のものと引き換えに調達した部品は、運よく今も電気街にあれば、タダ同然です。こうして私は、経済力も特段の熱い思いもなしに、資料に名前を残すホビイストたちと同じ偉業を成し遂げました。

　半世紀ちかく遅れて達成した偉業は私に大金をもたらしていません。しかし、想像の世界でホームブルゥコンピュータクラブの演壇に立たせてくれました。みなさんもまた本書で想像を膨らませ、いっとき時代のヒーローになってください。そしていつか、「ランダムアクセス」の時間にでも、うまく動いたロジックの話で盛り上がろうではありませんか。

［索引］

数

1702—103
2708—104
2716—104
4004—15
6116—130
6502—43
74257—208
74373、74573—208
74HC541—90
8008—19
8080—10
8085—26、204
8086—167
8088—167、205
8156—221
8224—84
8228/8238—87
8237—137
8251—136、142
8253—137
8255—135
8257—137
8259—138、210
8288—210
8755—220
μPB8224C—62
μPB8238C—63
μPD2716—107
μPD8080A—58

A

Altair—28、179
AM9080A—25
AMD—25
AMI—12
Apple I、Apple II—33
ASM.COM—175、248
ASR33—138
ATOM-8—54

B

BASIC—31、184
BASIC-80—164
BDOS—192
BDS C、BDソフトウェア—164
BIOS—162、193

C

CDC—45
COBOL-80—166
COPYLEFT—188
CP/M—161
CPU—10
CPUボード—93、206
CR—199

D

dBASE II—167
DEC—15、45、141
DMA—24、88

DMAコントローラ—137
DRAM—12、27、129

E
EASY-4—54
EPROM—102

F
FMシリーズ—167
Fortran-80—166

H
HM6116—129

I
IBM—44、160
IBM PC—169、205
IF800シリーズ—167
IMDOS—163
IMSAI—33
IMSアソシエイツ—33
INTELLEC4—157
INTELLEC8/MOD80—154
INTELLEC MDS—162、230
Interp/80—159
IOマップトIO—144
ISIS—166

J K L
JOLT—41
KIM-1—41
LF—199
LOAD.COM—194

M
MAC.COM—194
Mark-8—21
MC6800—134
MCS-4—16、218
MCS-85—218

MINOR—188
MITS—28
MUSIC OF A SORT—180
MYCOM-8—61
MZ-80K—53
MZシリーズ—167

N
NCR—45
NE555—34
NJM2360A—74
NMOS—22、70
NS—24

P
Pascal/M—166
PASOPIAシリーズ—167
PC-8000シリーズ—167
PC-8001—53
PC DOS—169
PDP-8—15
PET—33
PL/C、PL/I、PL/M—159
PMOS—18
Poly88—41

Q
QC-10/20—167

R
RAM—16、128
RCA—45
REAC-8—54
RIM—204
ROM—16、102
RST7—89

S
S-100バス—95
S-500—21

SCO―169
SEIKO7000―46
SIM―204
SMP80/20―46
Softcard―165
Sol-20―42
SP/8―159
Sphere―41
SRAM―12、129
SuperCalc―167
SWTPC6800―41

TI―24、235
TK-80―46
TK-80E―48
TL497―235
TMS2716―105
TRS-80―33
TTL―21
TTLレベル―90

UP-2、UPP、UPP-955―230

VT100―141

Whitesmiths C―166
WordMaster―164
WordStar―167

X1シリーズ―167

Z80―26
Z80カード―167

アーケードゲーム―48
アーサー・ロック―24
秋葉原―50
秋月電子通商―56
アシュトンテイト―167
アセンブラ―154
アップル―44
アドレスデコーダ―132
アラン・シュガート―160

イオン注入―70
石田晴久―190
インターバルタイマー―137
インテル―12、24

エクソン―26
エディタ―154、170
エド・ロバーツ―28
エプソン―167
エリック・ミューラ―188

オープンソース―188
沖電気―25、167
オズボーン―44
小野芳彦―190
音楽演奏プログラム―180

改行―199
開発支援装置―154
開発ツール―164
書き込み装置―108、230
書き込みソフト―122
書き込み動作―101
拡張BASIC―163

カシオミニ―34
過剰バイト―188
家紋―23
カルデラ―169

き

起動メッセージ―194
キヤノン―12

く

駆動能力―90、209
クロスライセンス―26
クロック―206
クロックジェネレータ―61、84
クロメムコ―44

け

ゲイリー・キルドール―158

こ

高級言語―159、166
光南電気―56
ゴードン・フレンチ―38
ゴードン・ムーア―24
コーネル大学―159
互換機―33
コモドール―33
コンソール―140
コンパイラ―159、166
根飛雄太―54
コンピュータ設置台数―46
コンピュータフェア―187
コンピュータ歴史博物館―169

さ

ザイログ―26
サンエレクトロ―56、62

し

紫外線―124

シグネティクス―25、34
システムコントローラ―61、87
シフトレジスタ―16
嶋正利―15、23、159
シミュレータ―159
ジム・ウォーレン―187
シャープ―12、53、167
ジャンク店―53
周辺ボード―147
シュガートアソシエイツ―160
守秘義務合意書―168
ジョン・アーノルド―188
ジョン・タイタス―21
ジョン・トロード―161
シリアルインタフェース―136
信越電機商会―56
シングルステップ動作―92
新日本無線―74

す

数値演算ユニット―15
鈴商―107
スタンフォード大学―35
スタン・メイザー―22
スティーブ・ウォズニアク―43
スティーブ・ジョブズ―44
スティーブ・ドンピア―179
スペースインベーダー―49

せ

制御用のコンピュータ―218
精工舎―19、46
製造番号―180
セカンドソース―24
千石電商―56

そ

ソーシム―166
ソース―170
ソード―46

タイトー—48
タイニーBASIC—184
タイマ—244
ダイマックス—35
丹青通商—63
タンディ—33
端末—138、241
端末ソフト—141
端末用IC—19

チップセレクト—132、218
著作権—188

て
デイジー—182
ディック・ウィップル—188
データベースマネージャ—167
データポイント—19
テキサスタイニーBASIC—188
デジタルシステムズ—161
デジタルリサーチ—163
テッド・ホフ—12
デニス・アリソン—184
テレタイプライタ—138
電気街—50
電子計算機—15
電大版タイニーBASIC—191
電卓用IC—12
デンバータイニーBASIC—188

東京大学—190
東京電機大学—191
東芝—25、167
東大版タイニーBASIC—191
ドクタードブズジャーナル—187
ドブ・フローマン—103

富崎新—54
鳥光広志—54
トロント大学—159

日米商事—106
日本橋—48
日本電気—46
日本電子販売—50

ノベル—169

バイト（雑誌）—34
バーナード・グリーニング—186
バスコントローラ—210
パソコン—27、33
畑中文明—191
ハネウェル—45
パラレルインタフェース—135
ハリー・ガーランド—180
ハル・フィーニー—22
パロアルトタイニーBASIC—188
バロース—45
半導体産業—24
汎用のコンピュータ—33
汎用ポート—135

ピープルズコンピュータカンパニー—35
ビジコン—12
ビジネスツール—167
日立製作所—53、129、134
ビットイン—50
ヒューレットパッカード—43
表計算ソフト—167
ビル・イェイツ—31
ビル・ゲイツ—28

ふ
フールオンザヒル—182
フェアチャイルド—24
フェデリコ・ファジン—19、22
富士通—167
フレッド・グリーブ—188
フレッド・ムーア—38
プロセッサテクノロジ—42
フロッピーディスク—160

へ
ベーシックマスター—53

ほ
ホームブルゥコンピュータクラブ—38
ポピュラーエレクトロニクス—28
ボブ・アルブレヒト—35、184
ボブ・ノイス—24
ボブ・マーシュ—42
ホワイトスミス—166

ま
マイクロソフト—28
マイクロプロ—164、167
マイクロプロセッサ—24
マクロ—194、211
マスク—23
松本吉彦—55

み
三菱電機—25
ミニコン—14
ミニフロッピー—160

む
村上敬司—170

め
命令体系—204

メモリ—12
メモリマップI0—144

も
モステクノロジー—43
モトローラ—24、134
モニタ—154

や
安田寿明—55

ゆ
ユニシス—45
ユニバック—45

ら
ラジオ—50、180
ラジオエレクトロニクス—21、33
ラジオ会館—50
ラジオデパート—56
ラルフ・アンガーマン—26

り
リー・フレゼンスタイン—38
リコー—12
リ・チン・ワン—188
リネオ—169
リバースエンジニアリング—25

れ ろ
レス・ソロモン—180
ロジャー・メレン—180
ロックウェル—12

わ
ワープロソフト—167
若松通商—57
割り込み—24、89、173、210
割り込みコントローラ—138

装丁―渡辺シゲル
編集・DTP―有限会社マイン出版

インテル8080伝説
2017年2月28日　初版第1刷発行

著者　　鈴木哲哉
発行者　黒田庸夫
発行所　株式会社ラトルズ
　　　　〒115-0341 東京都北区赤羽西4-52-6
　　　　電話 03-5901-0220　ファックス 03-5901-0221
　　　　http://www.rutles.net

印刷・製本　株式会社ルナテック

ISBN978-4-89977-453-2
Copyright © 2017 Tetsuya Suzuki
Printed in Japan

●本書の一部または全部を無断で複写複製することは、法律で認められた場合を除き、著作権の侵害となります。
●本書に関してご不明な点は、当社Webサイトの「ご質問・ご意見」ページ（http://www.rutles.net/contact/index.php）
をご利用ください。電話、ファックス、電子メールでのお問い合わせには応じておりません。
●当社への一般的なお問い合わせは、info@rutles.netまたは上記の電話、ファックス番号までお願いいたします。
●本書の内容については、間違いがないよう最善の努力を払って検証していますが、著者および発行者は、本書の利用
によって生じたいかなる障害に対してもその責を負いませんので、あらかじめご了承ください。
●乱丁、落丁の本が万一ありましたら、小社営業部宛にお送りください。送料小社負担にてお取り替えいたします。